CADMOS

HUNDEPRAXIS

Apportieren
für jeden Tag

CADMOS

UNDEPRAXIS

Lesen
Lernen
Wissen

HEIKE E. WAGNER

Apportieren
für jeden Tag

Sinnvolle Beschäftigung –
glücklicher Hund

Impressum

Copyright © 2008 by Cadmos Verlag GmbH, Brunsbek
Gestaltung: Ravenstein + Partner, Verden
Satz: Grafikdesign Weber, Bremen
Titelfoto: Dr. Jochen Becker
Fotos: Dr. Jochen Becker, falls nicht anders angegeben
Lektorat: Dorothee Dahl
Druck: agensketterl Druckerei, Mauerbach

Printed in Austria

ISBN 978-3-86127-756-9

Inhalt

Typisch Terrier. Diesem niedlichen kleinen Kerl merkt man seinen starken Beutetrieb an.

Vorwort

Als ich mein erstes Buch über das Thema Apportieren schrieb, hatte ich bereits die Vermutung, dass der Platz kaum ausreichen würde, um meinen Lesern einen Überblick über das Thema Apportieren zu geben. Diese Vermutung hat sich bestätigt. Umso mehr erfüllt es mich mit Freude, Ihnen, liebe Leserinnen und Leser, nun einen etwas tieferen Einblick in die Materie rund um das Thema Apportieren geben zu dürfen – ich hoffe, dass Sie Spaß beim Lesen meiner Zeilen und beim Betrachten der vielen Bilder haben werden und das eine oder andere für sich aus diesem Buch mitnehmen können.

Trauen Sie sich etwas zu und vertrauen Sie auf Ihren Hund, durch den Sie bestimmt viel lernen können. Sicher werden Sie auch selbst nach einiger Zeit der Apportierarbeit spannende Aufgaben erfinden können – Ihrer Fantasie sind keine Grenzen gesetzt. Nur zu!

Gerade das Thema Apportieren zeigt einem immer wieder, zu welchen hervorragenden Leistungen ein Hund in der Lage ist, aber leider auch – und das ist viel frappierender –, zu welchen Fehlern wir Menschen immer wieder neigen. Die Fehler zunächst immer bei sich selbst zu suchen ist die Kunst, den eigenen Hund richtig zu verstehen, ihm angepasste Beschäftigung und Aufgaben zu bieten und ihn weder zu unter- noch zu überfordern.

Dieses Buch richtet sich an alle, die ihrem Hund sinnvolle Beschäftigung zum Ausgleich bieten wollen, und an Hundebesitzer, die noch gar keine Erfahrung mit gezielter Apportierarbeit haben oder ihre bereits vorhandenen Grundkenntnisse vertiefen möchten und neue Anregungen suchen.

An dieser Stelle möchte ich mich für die Geduld und die gute Zusammenarbeit von und mit Dorothee Dahl und Herrn Dr. Jochen Becker herzlich bedanken, die mir stets mit Rat und Tat zur Seite standen und ohne die dieses Buch nicht so rund geworden wäre. Ebenso ein Dankeschön an Familie Krause und meine vierbeinigen Models Lana und Coffee.

Apportieren macht Spaß

Es gibt Hunderassen, die speziell für jagdliche Aufgaben und das Apportieren gezüchtet wurden. Dazu gehören beispielsweise die Retriever, deren Name schon den Begriff des Zurückbringens (Engl. *retrieve*: wieder auffinden, holen gehen, zurückholen) beinhaltet. Aber auch viele andere Hunde unterschiedlichster Rassen können Spaß am Apportieren haben. Apportieren ist für den Hund eine sinnvolle Auslastung und artgerechte Beschäftigung, kann aber auch im Alltag richtig nützlich sein. Wäre es nicht

So soll es sein! Korrekt getragener Dummy und zügiges freudiges Herankommen.

toll, wenn Ihr Hund Ihren Autoschlüssel tragen oder die Zeitung aus dem Briefkasten holen könnte? Diese und andere Tricks können Sie jedem Hund beibringen, der apportieren kann. Wie ein Hund das Apportieren von Anfang an richtig lernt, erfahren Sie in diesem Buch.

Und keine Sorge: Für das Apportiertraining brauchen Sie kein echtes Wild. Sogenannte Dummys, die aus gefüllten Leinensäcken bestehen oder aus Kunststoff hergestellt und meistens sogar schwimmfähig sind, eignen sich prima für das Apportiertraining.

Jagdlicher Ursprung

Apportieren ist Bestandteil der jagdlichen Arbeit. Dabei hat der Hund die Aufgabe, erlegtes oder angeschossenes Niederwild aufzufinden und zurückzubringen. Dazu muss er sich die Fallstellen des Wildes merken und eine Fährte suchen können.

Inzwischen wird das Apportieren aber nicht nur bei der Jagd angewandt. Es hat sich im Alltag als sinnvolle Beschäftigung und guten Ausgleich für Hunde erwiesen. Ganz wichtig: Dazu braucht man kein Wild! Ein Hund kann lernen, vom Hundespielzeug bis zum Autoschlüssel alles zu apportieren, was er tragen kann.

Dieser Nova Scotia Duck Tolling Retriever ist sehr aufmerksam und gehorsam beim spielerischen Apport von Alltagsgegenständen.

Warum Hunde apportieren

Alle Handlungen unserer Hunde werden durch Triebe ausgelöst und gesteuert, ohne die ein Hund nicht überleben und nicht lernen könnte. Apportieren bedeutet für den Hund, ausgehend von seinem Trieb, eine Beute zu machen oder aufzunehmen (ob zum Beispiel ein Stück Wild, einen Stock, ein Leckerli oder Spielzeug oder aber ein Apportel), von A nach B zu bringen und es dort zu fressen, damit zu spielen oder es zu deponieren.

Die Triebe des Hundes, die beim Apportieren eine Rolle spielen	
Spiel- und Bewegungstrieb	angestaute physische und psychische Energie in Bewegung entladen
Beutetrieb	Beuteobjekte fassen, festhalten und töten
Spürtrieb	Die Bereitschaft, eine Tier- oder Menschenfährte zu verfolgen
Apportier- oder Bringtrieb	Beuteobjekte verschleppen, verstecken oder bringen
Jagdtrieb	aufspüren, verfolgen und reißen der Beute

Dieser Airedale Terrier bringt gelassen und brav das Motivations-spielzeug.

Hunde besitzen noch weitere Triebe in mehr oder weniger starker Ausprägung, die für das Apportieren jedoch nicht relevant sind. Dazu gehören unter anderem der Wehrtrieb, der Kampftrieb, der Aggressionstrieb und der Schutztrieb.

Welche Hunde sich für die Apportierarbeit eignen

Grundsätzlich können Sie mit jedem Hund apportieren, der Spaß daran hat. Vom Chihuahua über die Dogge bis hin zu allen Mischlingshunden gibt es auch viele Hunde, die ihren Besitzern gern etwas zurückbringen. Je nachdem, wie weit man das Apportieren mit seinem Hund erarbeiten und nutzen will, kann man sich natürlich eine Rasse anschaffen, der diese Arbeit sozusagen im Blut liegt. Neben diesen Rassen gibt es auch viele Mischlinge, mit denen man viel Spaß vom Alltagsapport bis hin zur jagdlich orientierten Appor-

Gruppenarbeit ist wichtig zur Festigung des Sozialverhaltens und fördert Steadyness. Während ein anderer Hund arbeitet, wird brav gewartet.

tierarbeit haben kann. Probieren Sie aus, woran Ihr Hund besonders viel Freude hat.

Die klassischen Apportierhunde sind die Retrieverrassen. Es gibt insgesamt sieben verschiedene, mehr oder weniger bekannte Retrieverrassen: Labrador Retriever, Golden Retriever, Nova Scotia Duck Tolling Retriever, Curly Coated Retriever, Flat Coated Retriever und Chesapeake Bay Retriever. Nur beim Chesapeake Bay Retriever ist der Schutztrieb und die teilweise damit verbundene Mannschärfe erlaubt. Die Hunde werden als „Jagdhunde" bezeichnet. Das bedeutet, dass sie Wild aufspüren, aufstöbern, es anzeigen oder dem

Aufmerksam und zügig bringt dieser Schäferhund das Apportel zurück.

Der Border Collie macht sich begeistert auf den Weg, um etwas zu apportieren.

Jäger zutreiben müssen. Ihr Trieb, Wild zu hetzen, ist genetisch bedingt und mehr oder weniger ausgeprägt. Insbesondere Hunde, bei denen dieser Trieb stark vorhanden ist, sollten sach- und fachkundig ausgebildet werden.

Zusammenarbeit mit dem Menschen

Eine wichtige Voraussetzung für das Apportieren ist die Arbeitsintelligenz, die der Hund benötigt, um gut mit seinem Menschen zusammenarbeiten zu können.

Vom Wolf abstammend, der in Gruppen jagt und vom Rudelführer angeführt wird, bringt ein Hund die Bereitschaft mit, sich von seinem Rudelführer, dem Menschen, leiten zu lassen und ihm zuzuarbeiten, um den gewünschten Jagderfolg zu erreichen. Bei Hütehunden, wie beispielsweise den Border Collics, ist die Bereitschaft zur Aufmerksamkeit und die Beharrlichkeit im Verfolgen von Zielen sehr hoch ausgeprägt, da sie auf sehr weite Entfernungen mit ihren Menschen zusammenarbeiten müssen.

Bei Terriern, die bei der Jagd auf Füchse oder Dachse in einem Bau äußerst selbstständig arbeiten müssen, ist die Zusammenarbeit mit den Menschen nicht so stark ausgeprägt.

Als weitere Komponente steht die adaptive Intelligenz des Hundes. Dies bedeutet nichts anderes, als durch Versuch und Irrtum sowie anhand gesammelter Erfahrungen Aufgaben zu meistern. Gerade diese Komponente sollten wir für unser gezieltes Training mit dem Hund nutzen. Hunde, die nicht so ausgeprägt über diese Veranlagungen verfügen, können trotzdem einfache und nützliche Apportieraufgaben im Alltag meistern und artgerecht damit beschäftigt werden.

Was Hunde alles apportieren können

und was sie lieber nicht apportieren sollten

Es gibt Objekte, die sich ganz besonders gut zum Apportieren eignen, während man andere besser nicht verwenden sollte. Im Folgenden sind sinnvolle Apportierobjekte und ihre Verwendung dargestellt; im Anschluss daran erfahren Sie, was sich weniger gut für das Apportieren eignet.

Bei allem, was geworfen wird, sollte man unbedingt auf gefahrloses Gelände achten (keine Straße in der Nähe, keine extremen Löcher im Boden, keine Scherben). Auch Würfe auf Schotter- oder heißen Asphaltböden sollten vermieden werden, da sich Hunde durch das häufige Abbremsen üble Schürfwunden und Verbrennungen an den Pfoten zuziehen können.

Vermeiden Sie das Werfen von Gegenständen jeglicher Art, wenn mehrere Hunde anwesend sind. Dies könnte verletzende Rempeleien oder unnütze Machtkämpfe um die Beute nach sich ziehen. Abgesehen von eventuellen Tierarztrechnungen und dem Ärger mit anderen Hundebesitzern können solche Erlebnisse einem jungen Hund den Spaß am Apportieren für immer vermiesen.

Frisbee®

Ein Frisbee, auch Flugscheibe, Wurfscheibe oder Schwebedeckel genannt, ist ein scheibenförmiges Sport- und Freizeitgerät. Durch seine aerodynamischen Eigenschaften erreicht es eine extreme Höhe und Entfernung und wird gern als spielerische Freizeitbeschäftigung – zum Beispiel im Urlaub am Strand – eingesetzt. Aus den USA stammend, wird das Frisbeewerfen und -apportieren als Einzel- und Mannschaftssport betrieben und erfreut sich auf der ganzen Welt großer Beliebtheit.

Im Gegensatz zu vielen anderen Apporteln erfordert das Frisbee-Apportieren vom Hund erhebliche Konzentration und Geschicklichkeit, da diese Wurfscheibe aus der Luft aufgefangen und nicht vom Boden aufgenommen werden muss. Der Hund muss sich also keine Fallstelle merken, sondern seine volle Konzentration auf das noch fliegende Objekt richten.

Geeignet sind Scheiben, die sich komplett in der Mitte biegen lassen, ohne hierbei zu reißen, zu platzen oder zu zerspringen. Der

Sogar Würste lassen sich apportieren. Wenn man mit dem Training beginnt, ist es manchmal allerdings nur eine Frage der Zeit, bis sie verspeist werden.

*Gemeinsam sind
wir stark.*

Rand sollte eine Verdickung aufweisen, damit das Gebiss des Hundes beim Fangen des Gegenstandes keinen Schaden davonträgt. Ungeeignet sind zu schwere Scheiben sowie Scheiben, die in der Mitte einen Pin oder eine Aussparung haben; diese Scheiben können ebenfalls den Hund im Maul- und Gebissbereich verletzen. Stoff- und Gummischeiben sind für geübte Werfer ungeeignet, da man mit diesen keine Tricks machen kann.

Diese Hundesportart lässt sich spielerisch in das Alltagsleben mit dem vierbeinigen Begleiter einbauen, nicht zuletzt, weil diese leichte Wurfscheibe gut überallhin mitgenommen werden kann und keinerlei Vorbereitung (wie beispielsweise das Auftauen von kaltem Wild) bedarf. Bevor man mit seinem Hund diese spannende Beschäftigung ausübt, sollte man die Wurftechnik zunächst allein und dann mit einem menschlichen Partner üben (Vor- und Rückhand) und erst seinen Hund als Spielpartner hinzuziehen, wenn man mit dem Frisbee® verschiedene und gute Würfe erlernt hat.

Wenn aus tierärztlicher Sicht (keine bestehende Arthrose, Hüftgelenk- oder Ellenbogendysplasie oder andere orthopädische Beeinträchtigungen oder Herzschäden) keine Bedenken bestehen, kann man mit dem Apportieren von Frisbees® beginnen. Zunächst sollte man seinen Hund nach einem kurzen Spaziergang, auf dem er sich gelöst hat, durch ein lockeres und motivierendes Kontaktspiel aufwärmen und hierbei niemals einen harten Untergrund (Asphalt) wählen. Optimal ist eine übersichtliche ebene Fläche ohne Löcher und Bewuchs. Ebenso sollte man darauf achten, dass das geworfene Frisbee nicht scharfkantig oder mit Dreckklumpen versehen ist; deshalb sollte man vor jedem Wurf die Scheibe inspizieren. Vermeiden Sie Frisbeespiele in der Nähe von anderen Menschen oder gar befahrenen Straßen.

Mit dem Welpen oder Junghund beginnt man, indem man ihm die Wurfscheibe zunächst zeigt, ihn daran schnüffeln lässt, die Scheibe in den eigenen Händen zunächst dreht und sie den Hund in den Fang nehmen lässt, ohne jedoch an der Scheibe zu zerren. Anschließend rollt man die Scheibe auf dem Boden über nur kurze Strecken, deren Länge man nach und nach steigert. Danach beginnt man mit den ersten kurzen flachen Würfen.

Beim Anfängerhund (auch dem erwachsenen) sollte man nie auf den Hund zu- oder über ihn hinweg-, sondern immer in seine Laufrichtung werfen, damit er das Objekt gut verfolgen kann und ungesunde abrupte Drehbewegungen vermieden werden.

Arbeitsfreudige Hunde werden das beliebte Spiel, das Konzentration und Kondition fördert, rasch lernen. Ob junger oder alter Hund: Bei dieser Spiel- oder Beschäftigungsart sollte man aufhören, bevor man den Hund überfordert, da er dazu neigt, seine Leistungsgrenze vor lauter Spaß zu ignorieren (Vorsicht bei Hitze und praller Sonne). Besitzen Sie einen Hund mit scheinbar unkontrollierbarem Jagdinstinkt, der auch noch Probleme im Grundgehorsam hat, sollten Sie auf das Frisbeespiel zunächst verzichten und beim Kontaktspiel oder einer anderen sinnvollen Beschäftigung bleiben, um die Mensch-Hund-Beziehung und den Gehorsam zu fördern, da der Jagdtrieb eine wichtige Voraussetzung für Dog-Frisbee darstellt.

Kong®

Der Kong® ist ein etwa tennisballgroßer, meist birnenförmiger Vollgummiball, an dem sich eine Schnur befindet und der ähnlich wie bei einer Kegelbewegung von unten geschleudert wird. Detaillierte Erklärungen bezüglich des Umgangs mit dem Kong® sind hier überflüssig, da dies lediglich ein Spiel für Mensch und Hund darstellt und keinerlei Training erforderlich ist.

Bälle

Bälle und Apportieren bringt wahrscheinlich jeder frischgebackene Hundebesitzer sofort miteinander in Zusammenhang. Möchte man mit seinem Hund jedoch im Erwachsenenalter korrekt arbeiten, sollte man mit dem Einsatz von Bällen ziemlich diszipliniert umgehen.

Vor allem Kinder werfen in allen möglichen und unmöglichen Situationen mit Bällen und bestehen in der Regel nicht darauf, dass der Hund diese auch korrekt zurückbringt.

Beim beliebten Tennisball ist zu berücksichtigen, dass dieser an der Fallstelle nicht liegen bleibt, sondern weiterrollt und der Hund meist durch dieses Fluchtverhalten des Balls in Spiel- und nicht in Arbeitsstimmung gerät. Ferner muss der Hund sich beim Einsatz eines Balls – anders als bei der Dummyarbeit – die Fallstelle nicht korrekt merken.

Der Vorteil des Tennisballs besteht darin, dass dem Hund gar nichts anderes übrig bleibt, als ihn ordentlich zu tragen. Er kann ihn nicht zu Tode schütteln oder an einem Knebel oder Ende packen wie etwa beim Dummy.

Das einzige Risiko bei der Verwendung von Tennisbällen ist die Gefahr der Schädigung des Zahnschmelzes durch Schmutz, Sand oder das Material des Balls. Sehr alte Hunde, die ein Leben lang Tennisbälle (aber auch Dummys) apportiert haben, haben oftmals ein Gebiss, das nur noch aus abgenutzten Stummelzähnen besteht.

Von Profis werden Tennisbälle gern zur Auflockerung vor der Durchführung von Aufgaben eingesetzt, die die Konzentration

Bälle werden immer gerne apportiert. Das Springen beim Aufprall macht einen zusätzlichen Reiz aus.

des Hundes stark beanspruchen und anstrengend sind. Schlägt man gar einen Tennisball mit einem Tennisschläger, erzielt man extremere Entfernungen als beim Werfen mit der Hand. Ein Hund gewöhnt sich ziemlich rasch an die individuelle Wurfweite seines Führers und kann später unter Umständen Schwierigkeiten haben, auf weitere Entfernungen zu arbeiten.

Bälle jeglicher Art sind im Gelände ein begehrtes Apportel. Von dem Einsatz von Bällen im Haus ist abzuraten, da ein Hund sich an Möbeln oder Wänden verletzen könnte. Es ist eigentlich überflüssig zu erwähnen, dass Bälle nicht so klein sein sollten, dass der Hund sie im Eifer des Gefechts verschlucken könnte. Das Spiel mit Bällen, die mit Luft gefüllt sind, macht dem Hund zwar sehr viel Spaß und erlaubt sogar den Einsatz im Wasser, der Spaß endet jedoch meistens damit, dass die Bälle durch das Gebiss oder die Krallen des Hundes zerstört werden.

Flyball

Ebenfalls aus den USA stammt die beliebte Hundesportart Flyball, die für wendige und geschickte Hunde eine sehr gute Auslastung darstellt. Beim Flyball wird der Hund über vier niedrige Hürden zur Ballwurfmaschine geschickt, wo er durch Pfotendruck eine Wurftaste auslöst. Die Maschine wirft einen Tennisball aus, der vom Hund gefangen und über die Hürden zurück zum Menschen gebracht wird. Obwohl diese Sportart beispielsweise bei kleineren Terriern sehr beliebt ist, bieten viele Hundesportvereine Flyball nicht mehr an, da schon einige Hunde gestorben sind, denen die Bälle im Rachen stecken blieben, sodass die Hunde erstickt sind.

Schutzhunderassen müssen mit dem Bringholz Hindernisse überwinden. Das erfordert Konzentration, Ausdauer und sehr viel Übung.

Bringholz

Wie der Name bereits sagt, handelt es sich bei diesem Apportel um einen Gegenstand aus Holz, der an beiden Enden eine Verdickung hat, damit der Hund ihn mittig tragen muss und kann. Solche Apportel werden insbesondere in der Schutzhundeausbildung oder im Hundesport eingesetzt. Häufig werden von Schutzhunden Apporte verlangt, bei denen sie auf dem Rückweg zum Führer Hindernisse im Freisprung mit dem etwa 650 Gramm schweren Bringholz überwinden müssen.

Beim Tragen des Bringholzes muss der Hund sehr kräftig zubeißen; dies ist im Gegensatz zu Schutzhunden bei Jagdhunden nicht erwünscht, da sie sehr weichmäulig sein müssen, damit apportiertes Wild unversehrt für den späteren Genuss bleibt.

Beim Apportieren eines Bringholzes gibt der Mensch nicht wie bei der Dummyarbeit das Kommando *Voran* oder *Apport*, sondern häufig das Kommando *Hopp*.

Gummienten

Im Fachhandel gibt es schwimmfähige Entendummys aus Gummi in verschiedenen Größen, deren Kopf, Schwanz und Körper durch ein kurzes Stück Schnur miteinander verbunden sind. Diese Gummienten haben neben ihrer optischen Ähnlichkeit mit einer echten Ente den Vorteil, dass ein Hund, der jagdlich ausgebildet werden soll, von Anfang an lernt, das Wild richtig zu tragen.

Ein gutes Hilfsmittel bei der jagdlichen Ausbildung ist eine Gummiente. Der Hund lernt das korrekte Tragen.

Wild

Nur wer seinen Hund jagdlich ausbilden möchte, kommt irgendwann nicht darum herum, auch totes Wild apportieren zu lassen. Es ist Bestandteil der jagdlichen Ausbildung des Hundes. Ich möchte hier nicht näher darauf eingehen, Sie aber unbedingt im Vorfeld vor einem Kardinalfehler bewahren, falls Sie mit Ihrem Hund jagdlich arbeiten wollen. Bringt Ihr Welpe Ihnen überglücklich irgendwann rein zufällig ein Stück totes Wild – was auch immer (dies kann eine eklige verweste Taube, eine verstümmelte und übel riechende Maus oder Ähnliches sein) –, freuen Sie sich, als hätten Sie einen Sechser im Lotto! Zeigen Sie hingegen Ekel oder schimpfen Sie Ihren Hund gar für das Gebrachte aus, kann dies später logischerweise beim gezielten Heranführen an Wild Probleme bereiten.

Generell sollte man mit einem Junghund nur mit kaltem Wild trainieren, wenn man ihn auch später jagdlich führen möchte und bereits Erfahrung in der Ausbildung hat. Ein Laie sollte sich unbedingt einer hierfür eigens organisierten Trainingsgruppe anschließen.

Bei der Arbeit mit kaltem Wild ist die enorme Vorbereitungszeit (mindestens 24 Stunden) zu berücksichtigen, akribisch darauf zu achten, dass das Wild auch handwarm eingesetzt wird, und man sollte stets den entsprechenden Kaufbeleg beim Training mit sich führen, dass man das Stück Wild weder selbst erlegt noch der eigene Hund gewildert hat.

Dummys

Last but not least möchte ich das für das Apportieren im Alltag, aber auch für die gezielte Ausbildung und Arbeit am besten geeignete und am häufigsten verwendete Apportel erwähnen, nämlich den Dummy (Attrappe). Wie das Wort schon vermuten lässt, wird durch den Einsatz von Dummys bei der jagdlichen Ausbildung Wild imitiert.

Ein Dummy ist ein mit robustem, weichem, schwimmfähigem Material gefülltes Stoffsäckchen, das es in verschiedenen Größen, Farben (Standard: Grün) und Gewichten (Standard: 500 Gramm) gibt. Dummys für erfahrenere Hunde gibt es in der Regel ausschließlich mit einem Knebel, mit dessen Hilfe der Werfer weitere Distanzen erreichen kann. Für Welpen und Junghunde sollte man eventuell Dummys ohne Knebel verwenden oder diese vorübergehend entfernen, da unerfahrene Hunde manchmal dazu neigen, den Dummy am Knebel zu packen, ihn daran spielerisch in die Luft zu werfen oder ihn zu Tode zu schütteln.

Grüne Dummys werden am häufigsten verwendet und sind auch auf Prüfungen vorgeschrieben. Sie fördern die Aufmerksamkeit des Hundes, da sie in grüner Natur für den Hund schwer zu beobachten und zu finden sind. Orange oder rote Dummys erleichtern dem Hund die Arbeit im Grünen, erschweren aber die Arbeit im Herbstlaub. Ab und zu werden auch weiße Dummys eingesetzt, um dem Hund die Arbeit zu erleichtern oder zu erschweren. Möchte man eine Aufgabe im Schnee für den Hund schwieriger gestalten, kann man über einen Dummy auch eine weiße Tennissocke ziehen.

So soll es sein: Der Magyar Vizsla bietet den Dummy korrekt an.

Außerdem gibt es Dummys aus Kunststoff in allen möglichen Farben und mit unterschiedlichen Oberflächen, die vorwiegend bei der Wasserarbeit eingesetzt werden. Oftmals haben Wasserdummys eine genoppte Oberfläche, damit sie im nassen Zustand für den Hund nicht zu glitschig und dadurch besser zu packen sind. Ferner schwimmen sie höher auf der Wasseroberfläche, sodass sie für Mensch und Hund besser zu sehen sind.

Futterdummys

Es gibt Futterdummys, auch Preydummys (Beutedummys) genannt, die häufiger bei Hunden eingesetzt werden, die nur wenig Beutetrieb haben. Ich selbst habe damit weder persönliche Erfahrung noch halte ich den Einsatz dieses Hilfsmittels für sinnvoll und hilfreich, da Hunde, die gern mit Futterbelohnung arbeiten, vermutlich auch gleich die Beute knacken möchten, statt sie zum Führer zurückzubringen. Der Einsatz

Der Futterdummy enthält Leckerchen, die der Hund erhält, nachdem er den Dummy gebracht hat.

dieser Futterdummys wurde ursprünglich für die Ausbildung von Drogensuchhunden eingesetzt, da dort die Hunde beispielsweise verpackte Drogen aufspüren und diese dem Führer zutragen müssen, ohne die Beute zu knacken.

Ungeeignete Apportel

Hunde, die gern apportieren, bringen gelegendlich auch Dinge, die sich aus verschiedenen Gründen weniger gut für das Apportieren eignen. Verletzungen, aber auch Beeinträchtigung der Apportierarbeit können die Folge sein.

Stöckchen

Auch wenn es noch so üblich und einfach ist, Stöckchen zu werfen, die man unterwegs überall findet, rate ich dringend davon ab! Nicht selten kommt es vor, dass der Hund schneller ist als der geworfene Stock. Möglicherweise wird er dann von diesem

getroffen und verletzt. Ebenso kann ein Stock im Boden stecken bleiben, auf den sich der Hund vor Begeisterung und Übermut stürzt. Die Gefahr, dass er sich den Stock möglicherweise in den Fang oder Brustbereich rammt, ist groß.

Obst

Auch Obst, wie beispielsweise Äpfel, sollte man nicht werfen, da der Hund die Beute fressen und somit nicht zurückbringen kann. Dies ist natürlich nicht Sinn und Zweck des Apportierens.

Schneebälle

Geworfene Schneebälle zerbersten am Boden, und der Hund ist nur frustriert, dass er keine Beute mehr findet; er wird aus einer Übersprunghandlung heraus Schnee fressen

und kann dadurch unter Umständen eine Magenschleimhautentzündung bekommen.

Steine

Steine sind absolut tabu, da sie auf Dauer die Zähne schädigen können; ein verschluckter Stein muss immer vom Tierarzt unter Vollnarkose entfernt werden!

Tennisbälle (bedingt)

Tennisbälle sind, wie bereits erwähnt, für Auflockerungsübungen bei der Arbeit oder sporadisch als spielerische Beschäftigung nicht generell Tabu. Tennisbälle können jedoch in der Wachstumsphase des Hundes durch das Weiterrollen zur Überbelastung führen. Hektisches Hinterherrennen und Abbremsen kann Gelenkprobleme (Ellenbogendysplasie) fördern.

Hunde lieben Naturapportel. Bei einem solchen Stück Holz muss man aber sehr vorsichtig sein, da sich der Hund verletzen könnte. (Foto: Fritschy)

Vorbereitung auf das Apportieren

Dieser niedliche Welpe zeigt ausgeprägte Freude beim Spiel mit dem Ball. Daraus kann man schon früh das Apportieren entwickeln.

Wenn man die Gelegenheit hat, einem jungen Hund von klein an das Apportieren richtig beizubringen, kann er meist mehr lernen als wenn man erst später damit anfängt. Hunde, die Spaß am Bringen haben, können aber auch nach Jahren noch gezielte Übungen und schwierigere Apportieraufgaben lernen.

Beginnt man mit einem jungen Hund mit dem Apportieren, sollte man ihn auf keinen Fall überfordern. Zwei- bis dreimal wöchentlich kurze Übungen sind anfangs völlig ausreichend, wobei der Hund einige Grund-kommandos bereits beherrschen sollte, vor allem das zuverlässige Kommen und das Abgeben von Gegenständen aus dem Fang.

Spielerisch kann man in den eigenen vier Wänden mit seinem Welpen das gezielte Apportieren bereits beginnen. Vorteil des Heimtrainings ist, dass der Hund nicht durch Umwelteinflüsse wie Witterungen, Artgenossen oder fremde Geräusche abgelenkt werden kann und der Radius durch Wände und verschlossene Zimmertüren künstlich für ihn eingeschränkt ist. Ferner kann man selbst seine Stimme, Stimmlage und Körpersprache trainieren, ohne dass man sich in der Öffentlichkeit eventuell zu blamieren glaubt. Gerade beim Apportieren muss man sich selbst teilweise zum Kasper machen, um es seinem Hund amüsant, abwechslungsreich und spannend zu gestalten.

Welpen und Junghunde

Für viele Hunde ist die sogenannte Steadyness (Standruhe) sehr schwierig. Steadyness bedeutet auf der Jagd nichts anderes, als dass ein Hund stets gelassen, ruhig und dennoch aufmerksam das Jagdgeschehen verfolgt, ohne zu winseln, zu bellen, zu schnüffeln oder gar einzuspringen, während ein anderer Hund arbeitet. Auch wenn man nicht mit seinem Hund jagen möchte, ist es sinnvoll, diese Standruhe schon von Beginn an mit einem Welpen täglich zu trainieren. So banal die nachfolgende Übung klingen mag – sie wirkt sich nämlich auch grandios auf die Rangordnung, auf das Vertrauen und die weitere Ausbildung aus.

Üben bei der Fütterung

Geben Sie Ihrem Welpen vor der Fütterung das Kommando Sitz, indem Sie die Futterschüssel in Ihrer Brusthöhe halten. Automatisch wird er hochschauen, sich setzen und bekommt hierfür einen Happen aus der Schüssel. Nach einer Weile stellen Sie die Schüssel ab, warten erneut ein paar Sekunden, und erst auf Kommando darf er fressen. Steigern Sie täglich die Entfernung, in der der Kleine sitzend und ruhig wartend verharren muss. Rufen Sie ihn dann, lassen ihn erneut sitzen, und wiederum bekommt er einen Happen aus der Schüssel, muss warten und bekommt dann erst sein Futter.

Spielzeug bringen

Bringt ein junger Hund Ihnen fröhlich wedelnd und brav seinen Lieblingsteddy, sollten Sie ihm diesen nicht sofort abnehmen und wieder wegwerfen, sondern den Hund auf und unter dem Fang streicheln, loben, ihm dann das Kommando *Aus* geben und ihm das Spielzeug abnehmen. Gibt er es brav ab, wird er auch hierfür gelobt und anschließend in die Sitzposition gebracht, wofür er ruhig und sofort (Timing!) nach dem Sitzen ein Leckerli bekommen kann. Fixieren Sie anschließend den kleinen Kerl mit Ihrer linken Hand auf seiner Brust, damit er nicht einspringen kann, werfen das Stofftier erneut und warten, bis dieses am Boden liegt. Zählen Sie bis drei und lassen ihn dann per Kommando *Voran* oder *Apport* zum Stofftier laufen. Ist er im Begriff, das Stofftier aufzunehmen, sollten Sie exakt in diesem Moment (Timing!) das Kommando *Apport* geben und ihn mit *Hier* rufen.

Verschmitztes Kerlchen. Er zeigt deutlich: Das ist mein Stofftier – spiel mit mir!

Ein Hund, der sehr gern seine Beute abgibt, sollte dafür kein Leckerli bekommen. Es besteht nämlich die Gefahr, dass er seinem Führer das Apportel vor die Füße spuckt, um schnell an die Belohnung zu kommen. Dieses Verhalten ist nicht erwünscht, da auf einer Jagd geflügeltes (angeschossenes, verletztes) Wild verletzt flüchten könnte.

Tauschgeschäft

Versucht ein junger Hund jedoch seine Beute festzuhalten und zu verteidigen, können Sie ihn zum Ausgeben veranlassen, indem Sie ihm einfach ein Tauschgeschäft in Form eines Leckerlis anbieten. Fruchten solche Tauschgeschäfte nicht, da es sich um einen Hund mit extremem Beutetrieb handelt, geben Sie ihm nur einmalig das Kommando *Aus* und nehmen ihm das Gebrachte energisch, im Zweifel mittels Dominanzgriff ab. Beim Dominanzgriff greift man mit einer Hand über den Fang des Hundes, wobei der Daumen auf der einen Seite des Fangs und die Finger auf der anderen Seite auf das Obergebiss des Hundes Druck ausüben. Zerren Sie auf keinen Fall an dem Apportel – der Hund könnte daraus ein Beutespiel machen, was seinen Kampftrieb und sein Dominanzbestreben nur fördert. Gibt der Hund das Apportel durch Ihre resolute Mithilfe ab, wird er dafür eventuell auch mit einem Leckerli gelobt, da solche Hunde eigentlich nicht zum Ausspucken neigen.

Übungen im Haus

Die ersten gezielten Übungen für das spätere korrekte Apportieren sollte man zunächst ohne Ablenkung durchführen. Dafür bietet sich ein enger Flur an, dessen Türen verschlossen bleiben, damit der Kleine mit seiner Beute nicht flüchten kann.

In geschlossenen Räumlichkeiten sollte man keine rollenden Gegenstände wie Bälle, sondern lieber ein Stofftier, eine Socke, ein zusammengeknotetes Tuch oder bereits einen Welpendummy verwenden. Möglicherweise hat man glatte Böden, auf denen der Hund rutschen und sich auf begrenztem Raum verletzen kann. Man lässt den jungen Hund links neben sich sitzen, wobei die linke Hand ohne großen Druck die Brust des Kleinen fixiert. Anschließend zeigt man seinem Hund das Apportel, macht es für ihn durch eventuelles Hochwerfen und „Uiii, schau mal!" interessant und wirft es dann ein paar Meter in den Flur, begleitet von dem Kommando *Apport* oder *Voran*. Ich persönlich halte das Kommando *Voran* für sinnvoller, weil es nichts anderes bedeutet als: „Laufe so lange geradeaus, bis etwas anderes kommt." Erst wenn der Hund am Apportel ist, empfehle ich anfänglich das Kommando *Apport*, weil er es in diesem Moment aufnehmen soll. Hat der Hund das Apportel im Fang und sucht Blickkontakt, sollte das freundliche Kommando *Hier* eingesetzt werden, und man

sollte anschließend darauf bestehen, dass der Hund den geworfenen Gegenstand dann auch zumindest in Führernähe zurückbringt und ihn dafür kräftig loben.

Möchte man ernsthaft mit seinem Hund Apportierarbeit meistern, sollte sichergestellt sein, dass er auch auf alle Fälle schussfest ist, da nur ein schussfester Hund jagdlich geführt werden kann. Für den Hausgebrauch ist dies natürlich nicht zwingend notwendig.

Übungen im Freien

Vorab ein wichtiger Leitsatz: Grenzen setzen bedeutet Freiheit geben! Nur ein Hund, der wirklich zuverlässig kommt, kann sich im Gelände auch frei bewegen, sei es auf einem Spaziergang oder bei der Arbeit. Deshalb sollte immer wieder das wichtige Heranrufen des Hundes geprüft und eventuell korrigiert werden, egal in welchem Entwicklungs- oder Ausbildungsstadium, sowohl mit als auch ohne Ablenkung. Das Abrufen unter Ablenkung sollte geübt werden, wobei darauf zu achten ist, dass man einen Welpen oder Junghund nicht gerade dann rufen sollte, wenn er ausgiebig vertieft mit Artgenossen spielt. Er wird sowieso nicht kommen und nur lernen: „Ruf du nur – ich höre dich ja!"

Ausbildungstipps
Die Zauberformel in der Hundeerziehung und -ausbildung besteht darin, dass man erwünschtes Verhalten stets positiv bestärkt, negative Einwirkungen zum richtigen Zeitpunkt einsetzt und Strafe tunlichst vermeidet.

Im Gelände ist es schon schwieriger, unter Ablenkung etwas zu apportieren. Hier trägt der Hund den Dummy aber schon sehr sicher.

Hier ein Beispiel: Der junge Hund läuft zufällig gesittet an Ihrer linken Seite bei Fuß. Dieses Verhalten sollte durch das Kommando *Fuß* und ein verbales Lob (zum Beispiel: Gut so) positiv verstärkt werden. Zieht der Hund hingegen, bleibt man einfach stehen und wartet, bis der Hund einen fragend anschaut, um dann mit dem Kommando *Fuß* weiterzulaufen. Bei hartnäckigeren Vertretern kann man auch einen kurzen Leinenruck, verbunden mit dem energischen Kommando *Nein* geben. Ist der Hund wieder auf der linken Kniehöhe bei durchhängender Leine, kann man seinen Weg mit dem freundlichen Kommando *Fuß* fortsetzen. Dieses Einwirken des Führers bedeutet für den Hund eine negative Einwirkung, da ihm der Zug an der Leine oder durch den Leinenruck unangenehm ist. Er wird versuchen, aus diesem unangenehmen Zustand herauszukommen, und wird für sein Verhalten alsdann wieder positiv bestärkt.

Strafe hingegen ist ein Einwirken auf ein Fehlverhalten im Nachhinein, das heißt, es liegt zurück und kann vom Hund mit der momentanen Situation nicht mehr verknüpft werden. Wenn ein Hund auf dem Rückweg zu Ihnen ein Apportel ausspuckt, Sie dies in diesem Moment mit einem scharfen Nein quittieren (negative Einwirkung) und er dann erst für das Zurückkommen ohne Apportel ausgeschimpft wird, wird er sein Fehlverhalten nicht mehr mit der von Ihnen ausgehenden Strafe verknüpfen können.

Wie bereits oben anhand des Fütterungsbeispiels geschildert, lässt sich Steadyness beim Hund auch durch eine andere – oftmals überlebensnotwendige – Übung trainieren. Fahren Sie mit Ihrem Hund ins Gelände, öffnen Sie Ihren Wagen und lassen den Hund eine Weile mithilfe eines Kommandos (beispielsweise Bleib) im Auto verharren. Der Hund darf grundsätzlich erst auf Kommando (Jetzt) aus dem Auto heraus. Kleiner Trick, falls der Hund aus dem Auto stürmen will: Öffnen Sie Ihr Fahrzeug und der Kleine drängt heraus, klappen Sie energisch die Tür oder Heckklappe mit einem Bleib wieder zu! Bekommt er mehrmals unsanft die Tür vor seinen Fang, wird er sehr schnell merken, dass es angenehmer ist, im Fahrzeug zu bleiben, bis Sie ihm das Aussteigen erlauben. So mancher Hund ist beim stürmischen Verlassen eines Fahrzeuges schon überfahren worden!

Generell muss bei der Ausbildung auf der Ausführung der gestellten Aufgabe bestanden werden und auch Lob (positive Verstärkung) im richtigen Moment (Timing) und vom eigenen Führer erfolgen. Ein Hund, der sich auf Kommando setzt und ersr ein paar Sekunden später gelobt wird oder ein Leckerli bekommt, weil man sekundenlang in der Jackentasche suchen muss, kann nicht verknüpfen, wofür er gelobt wird. Verwenden Sie aus diesem Grund beim Training äußerst kleine Leckerli, auf denen der Hund nicht ewig herumbeißen muss.

An dieser Stelle möchte ich auch auf ein mögliches Familienproblemchen hinweisen: Nicht selten kommt es im Alltag vor, dass Herrchen seinen Hund ruft, dieser jedoch zu dem neben Herrchen stehenden Frauchen läuft und diese ihm dann auch noch ein Leckerli gibt oder ihn lobt. Auch dahingehend müssen sich sämtliche Familienmitglieder einigen! Der, der ein Kommando erteilt, muss es auch durchsetzen (können). Eine undeutliche (Rudel-) Führung irritiert den Hund!

Übungszeiten

Gezielt üben sollte man auch ausschließlich dann, wenn der Hund nicht gerade frisch gefüttert wurde und seinem Schlafbedürfnis nachkommen möchte, sondern wenn er sich gelöst und hinreichend bewegt hat und wenn man selbst in einer guten Stimmung ist. Man sollte genügend Zeit haben und sicherstellen, dass nicht in ein paar Minuten die Kinder von der Schule kommen oder man in einer halben Stunde einen Friseurtermin hat.

Dieser Hund hat für heute genug gearbeitet und befindet sich schon in der Ruhephase. Er sollte jetzt nicht noch einmal aktiviert werden.

Der Weg ist das Ziel. Dies trifft auch auf die Dummyarbeit zu. Wenn Sie sich als Anfänger ein Bild von den Apportierleistungen machen wollen, zu denen ein ausgebildeter Hund in der Lage ist, sollten Sie sich unbedingt einmal die Arbeit oder die Prüfungen von ausgebildeten Jagdhunden anschauen. Gerade bei den Retrievern gibt es in ganz Deutschland genügend Dummyprüfungen und Working-Tests, bei denen man auch gute Kontakte zu Gleichgesinnten knüpfen und kleine private Trainingsgruppen bilden kann. Der Vorteil der Gruppenarbeit besteht darin, dass man wöchentlich oder monatlich auf einen bestimmten Termin mit seinem Hund hinarbeiten muss. Oftmals hindert einen sonst die eigene Bequemlichkeit, angeblicher Zeitmangel oder das Wetter am regelmäßigen und disziplinierten Training im Alleingang.

Adressen von sämtlichen Vereinen finden Sie leicht im Internet über den VDH (Verein Deutsches Hundewesen e. V., Dortmund).

Vom Alltagsapport bis zur Prüfungsvorbereitung: Apportieren für alle

Je nachdem, was Sie mit Ihrem Hund erreichen möchten, können Sie einen Teil der im Folgenden dargestellten Apportierübungen erarbeiten und umsetzen oder ihn so weit trainieren, dass Sie an Apportierprüfungen teilnehmen, bei denen Sie Ihr Können zeigen und mit anderen vergleichen. Für alle, die mit ihrem Hund das Appor-

Alltagsapport für Fortgeschrittene: Ganz schön praktisch, wenn der Hund die Thermoskanne bringt.

tieren üben, sind deutliche Kommandos und klare Arbeitsanweisungen wichtig, damit der Hund versteht, was Sie von ihm wollen. Auch wenn hier immer vom Dummy die Rede ist: Sie können für das Apportiertraining alle geeigneten Apportel verwenden.

Kommandos beim Apportieren

Ein Hund ist in der Lage, auf drei verschiedene Arten von Kommandos zu reagieren und diese durchzuführen. Dies ist einerseits unsere *Stimme*, andererseits unsere *Hand-* oder *Sichtzeichen* und unsere *Körper-*

Perfekte Grundstellung. So sollte der Hund gelassen warten können, bis er zum Apport geschickt wird.

sprache und der Einsatz einer hörbaren *Pfeife*. Während die individuelle menschliche Stimme Schwankungen durch unsere Stimmung und Einstellung unterliegt (Erkältungen verändern die Stimme ebenfalls) und nur eine relativ begrenzte Reichweite hat, hat eine Pfeife den Vorteil, dass sie immer gleich klingt, auch wenn sie von anderen Familienmitgliedern benutzt wird. Außerdem ist sie auf wesentlich weitere Entfernungen und sogar bei Gegenwind zu hören.

In der Regel beginnen wir mit unserer Stimme, wobei empfehlenswert ist, direkt mit dem verbal gegebenen Kommando zusätzlich ein entsprechendes Sichtzeichen zu geben. Hat ein junger Hund diese Kommandos begriffen und kann diese zuverlässig ausführen, sollte man mit dem Einsatz der Pfeife beginnen. Langfristiges Ziel bei der Dummyarbeit ist es, dass der Hund gut auf Sichtkommandos reagiert, damit Wild nicht gestört wird und längere Distanzen überwunden werden können.

Grundsätzlich sollte im Vorfeld in der gesamten Familie geklärt werden, welches Kommando für welches erwünschte Verhalten gegeben werden soll. Es ist nicht sinnvoll, dass eine Person beispielsweise das Kommando *Komm*, hingegen ein anderer das Wort *Hier* verwendet. Diese Unterschiede verwirren einen Hund nur. Legen Sie im Zweifel alle Kommandos schriftlich fest. Vermeiden Sie, wenn möglich, das Kommando *Komm* in der Ausbildung gänzlich. *Komm* ist ein beliebtes Füllwort in unserer Umgangssprache: „*Komm*, wir gehen jetzt Gassi", „*Komm* weg da", „*Komm*, jetzt gibt es Fressen". Wählen Sie kurze und prägnante Worte, um das Erwünschte von Ihrem Hund zu erreichen, und texten Sie ihn nicht zu: „Auf, *bring* den Dummy!",

„Ja, gehst du jetzt aber mal *Fuß*!" Dies macht den Hund nur unsicher und irritiert ihn.

Alle Apporte sollten ausnahmslos in der Grundstellung begonnen werden. Dabei sitzt der Hund aufmerksam links, eng am linken Bein seines Führers. (Für spielerische Alltagsapporte ist es nicht so wichtig, dass er eng am Bein sitzt, möchte man aber später an Prüfungen teilnehmen, ist diese Position unerlässlich.) Dann wird ein Gegenstand geworfen, der Hund wartet, bis das Apportel (ich verwende diesen Begriff für alles, was der Hund apportieren soll) am Boden liegt, und wird dann von seinem Menschen per Handzeichen oder Stimme (je nach Ausbildungsstand und Situation) geschickt. Danach sollte kein Kommando mehr kommen, und der Hund sollte nach Aufnehmen des Apportels zügig und auf direktem Weg zu seinem Menschen zurückkommen. Der Hund darf dabei nicht auf dem Apportel herumbeißen oder es schütteln. Er muss es dann auf Kommando in die Hand ausgeben (Delivery). Hierbei kann ein Hund – je nach Aufgabenstellung und Einsatz – sitzend oder stehend vor seinem Menschen den Gegenstand ausgeben. An dieser Stelle möchte ich erwähnen, dass bei einigen Prüfungen, beispielsweise bei Begleithundeprüfungen, das Vorsitzen erwünscht ist (ein Nichtvorsitzen führt zu Punkteabzug); allzu stürmische Hunde sollten grundsätzlich vorsitzen, damit sie ein paar Ruhesekunden haben und sich wieder sammeln zu können. Anschließend soll der Hund im Uhrzeigersinn um den Führer herumgehen und die Grundstellung einnehmen. Langsamere Hunde sollten eher stehend das Apportel ausgeben, damit sie durch das Abbremsen nicht noch langsamer werden.

Da ein Hund keine ganzen Sätze versteht, sollte man eindeutige und kurze Kommandos verwenden. Diese können verbal, per Sichtzeichen oder Pfeife vermittelt werden. In der Dummyausbildung und bei jagdlich geführten Hunden werden gern englische Kommandos gegeben. Ich halte englische Kommandos bei der Apportierarbeit für sinnvoll, weil deutsche Begriffe ständig in unserer Alltagssprache vorkommen.

Ein akustisches Signal, zum Beispiel ein Pfeifton, ergänzt die Kommandos und kann sie gegebenenfalls sogar ersetzen.

So könnte eine Kommandoliste aussehen:

Vom Hund auszuführen	Kommando deutsch	Kommando englisch	Sichtzeichen	Pfeife
Fuß laufen	*Fuß*	*Heel*	Erhobener Zeigefinger	1 x Piep (langer Ton)
Sitzen	*Sitz*	*Sit*	Erhobener Zeigefinger	1 x Piep (langer Ton)
Hinlegen	*Platz*	*Down*	Flache Hand	Träller
Zum Apportel laufen	*Voran*	*Get out*	Ausgestreckter linker oder rechter Arm	Ständiger kurzer Piepton, bis der Hund am Apportel ist
Apportel aufnehmen und tragen	*Apport*	*Fetch it*		
Zurückkommen	*Hier*	*Here*	Beide Arme empfangend ausgestreckt halten	2 x Piep (kurzer Ton)
Hund soll Apportel ausgeben	*Aus*	*Out*	Beide Hände unter den Fang	
Apportel suchen	*Such*	*Hi lost (verloren)*	Anzeigen der Richtung mit ausgestrecktem Arm und flacher Handfläche	Immer wieder kurz aufeinanderfolgende Pieptöne
Über ein Gewässer apportieren	*Rüber*	*Over*		

Bei einem noch unerfahrenen Junghund – insbesondere bei kleinen Rassen – sollte man selbst tief auf den Boden und sich zurücklehnen. Dann kommt er begeistert so nah wie möglich.

Kombinieren Sie Ihre Kommandos, geben Sie also grundsätzlich ein verbales oder akustisches Signal, auch mit dem eventuell dazugehörigen Sichtzeichen. Lassen Sie dann langsam, aber stetig die verbalen Kommandos weg und setzen Sie nur ein Hör- oder Sichtzeichen ein. So kann zum Beispiel der als Sichtzeichen dargebotene Zeigefinger oder nur ein Pfiff für den Hund irgendwann nur das *Sitz* bedeuten. Ist der Hund in Ihrer Nähe, halten Sie hierbei die Hand etwa in Ihrer Gesichtshöhe; strecken

Sie den Arm immer weiter nach oben, je weiter der Hund von Ihnen entfernt ist. Allein durch das Hochschauen setzt sich fast jeder Hund automatisch hin.

Abwechslungsreiche Übungen

Klappt es im Haus schon ganz gut, läuft Ihr Hund draußen einigermaßen an der Leine und kommt zuverlässig auf Ihr Rufen zurück, können Sie die ersten Übungen im Garten machen. Besitzen Sie keinen eigenen Garten, suchen Sie sich eine sichere, übersichtliche und nicht stark frequentierte Wiese, auf der Sie zukünftig regelmäßig mit dem Hund arbeiten möchten. Achten Sie auch auf den Bewuchs, eine frisch gemähte Wiese bietet sich an. Um die Perspektive des Hundes nachvollziehen zu können, legen Sie sich einmal flach auf den Boden oder gehen Sie tief in die Hocke, dann werden Sie verstehen, wie schwierig es für den jungen oder kleinen Hund ist, einen liegenden Gegenstand zu sehen oder sich eine Fallstelle zu merken.

Nicht nur *Steadyness*, sondern auch das *Voranschicken* kann man sehr gut mittels Futterschüssel üben. Gehen Sie im Freien aus der Grundstellung heraus mit Ihrem angeleinten Hund und der Futterschüssel, in der sich allerdings nur ein Leckerli befindet, in gerader Linie ein paar Meter, setzen Sie die Schüssel ab und kehren dann exakt (Stelle merken!) zu Ihrem Ausgangspunkt zurück. Sie können die Schüssel vor dem Absetzen auch umdrehen und das Leckerli auf den Schüsselboden legen. Leinen Sie Ihren Hund am Ausgangspunkt ab und lassen ihn eine Weile warten. Im Zweifel schützt Ihre linke Hand die Brust des Hundes, um ihn am Einspringen zu hindern. Machen Sie dann mit Ihrem rechten Bein einen Schritt nach vorn, wobei Ihr linker Fuß 90 Grad hinter dem Gesäß des Hundes steht. Bücken Sie sich, zeigen Sie mit dem rechten Arm mit flacher Hand zur Schüssel und geben Sie Ihrem Hund das Kommando *Voran*. Schnell wird Ihr Hund lernen, auf das Kommando Voran geradeaus nach vorn zu laufen. Klappt diese Übung, können Sie Schritt für Schritt dazu übergehen, Ihren Hund allein sitzen zu

lassen und ihn dabei zuschauen zu lassen, wie Sie die Futterschüssel aufbauen, zu ihm zurückkehren und ihn dann schicken. Variieren und steigern Sie hierbei die Entfernung und Wartezeit des Hundes (er hat eine gut tickende innere Uhr!).

Voran und Dummy holen

Laufen Sie zunächst mit Ihrem Hund an der Leine *Unterordnung* (Richtungswechsel mit gelegentlichen Stopps, bei denen der Hund sitzen muss). Anschließend lassen Sie Ihren angeleinten Hund links neben sich sitzen, bücken sich, fixieren eventuell die Brust, werfen einen Dummy mit einem Geräusch, das das Fliegen von Wild imitiert, „Brbrbrbrbrbr", und geben ihm, nach dem Aufprall des Dummys, das aufmunternde Kommando *Voran*! Laufen Sie anschließend beim eher ruhigen Hund begeistert zum Dummy, sagen beim Dummy angekommen *Apport* und laufen, nachdem er es aufgenommen hat – wenn möglich rückwärts –, zurück zum Ausgangspunkt. Hat der Kleine dennoch eine Hemmschwelle, den Dummy aufzunehmen, treten Sie mit dem Fuß mit einem Begeisterungsruf vor den Dummy, damit dieser erneut ein Stück weit fliegt. Wiederholen Sie dieses kleine Fußballspielchen begeistert so lange, bis der Hund den Dummy aufnimmt. Genau in diesem Moment (*Timing*) bekommt der Hund das Kommando *Apport*. Hat er ihn im Fang, loben Sie ihn mit ruhiger Stimme: *Braav, suuuuper*. (Die ruhigen Vokale „a", „o" und „u" wirken beruhigend, während „e" und „i" den Hund eher anheizen!) Ein quietschendes „Feeeiiiiiin" oder „Priiiiima" motiviert den Hund zu sehr. Er glaubt in dem Moment, alles toll gemacht zu haben, und wird den Dummy wieder ausspucken oder spielerisch darauf herumknautschen, weil er die Übung als beendet betrachtet!

Klappen diese Apportieretappen im Freien, können Sie dazu übergehen, diese Grundübung des Apportierens ohne Leine zu machen. Lassen Sie Ihren Hund neben sich sitzen, werfen den Dummy oder ein anderes Apportel (oftmals ist es sinnvoll, den Hund mit der losen Leine um die Brust zu fixieren) und schicken ihn nach der Landung des Dummys voran. Ein Hund mit viel *„Will to please"* (Wunsch zu gefallen) wird seine ihm gestellte Aufgabe schnell meistern und den Dummy zuverlässig holen, zurückbringen und Ihnen zur Abnahme anbieten. Herzlichen Glückwunsch! Solchen Hunden liegt das Apportieren einfach im Blut!

Neigt ein Hund dazu mitsamt Beute zu verschwinden, üben Sie zunächst mehr Grundgehorsam (insbesondere *Hier*) und Apporte, entweder grundsätzlich an der normalen oder langen Leine, oder suchen Sie sich ein Gelände aus, das – ähnlich wie bei der Flurübung – dem Hund die Fluchtmöglichkeit einschränkt. Es bieten sich Hecken, Feld- und Waldwege entlang von Schonungen oder Ähnliches an. Allein ein gespurter Weg erleichtert dem Hund optisch das Erkennen einer geraden Linie.

Gehen Sie auf alle Fälle auf dem Rückweg Ihres Hundes in die Hocke, um für Ihren Hund nicht so bedrohlich zu wirken, machen Sie sich durch Ihre Körpersprache bemerkbar (Arme weit ausstrecken und eventuell stark winken) und locken ihn freundlich. Kommt der Hund nicht zurück, laufen Sie auf keinen Fall zu ihm hin oder gar hinter ihm her, sondern vielmehr mit Getöse in die Gegenrichtung von ihm weg. Normalerweise wird er Ihnen dann folgen. Kommt er mit Dummy, ist die Aufgabe

Sicheres und schnelles Zurückkommen sind wichtige Voraussetzungen für schwierigere Apportierübungen.

gelöst; kommt er ohne Dummy, hat der Hund aus seiner Sicht nichts falsch gemacht und wird fürs Kommen ebenfalls gelobt. Üben Sie in diesem Fall jedoch erneut das Kommando *Fest* und lassen ihn häufiger an der Leine etwas auf Kommando tragen.

Bei Hunden mit einem hohen Beute-, aber geringen Bringtrieb sollte man die Unart, nicht zurückzukommen, von Anfang an unterbinden und ausschließlich an der langen Leine üben, bis das Zurückkommen mit Dummy klappt.

Sicheres Zurückkommen

Klappt es zwar mit dem Hinlaufen und Aufnehmen, kommt Ihr Hund jedoch nicht gern zurück, empfiehlt sich folgende Übung: Lassen Sie Ihren Hund sitzen, gehen von ihm weg und lassen unterwegs einen Dummy fallen. Geben Sie im Zweifel, während der Dummy fällt, erneut das Kommando Sitz und gehen Sie ein paar Meter weiter (im Zweifel rückwärts, um zu Ihrem Hund Blickkontakt zu halten). Rufen Sie ihn anschließend. In dem Moment, in dem sich Ihr Hund kurz vor dem Dummy befindet, bekommt er von Ihnen das *Apport*-Kommando und erneut Hier. In der Regel klappt diese Übung recht gut und der Hund kommt mit Dummy zu Ihnen.

Man kann jedoch auch den sitzenden Hund an einer dünnen langen Leine festmachen, einen Dummy werfen und ihn, nachdem er den Dummy aufgenommen hat, zurückholen. Achten Sie darauf, dass die Leine länger ist als die Distanz des geworfenen Dummys. Hierbei sollte man die Leine zu sich herziehen, als würde man ein Boot an Land ziehen: Während man den Hund zurückruft und für das Zurückkommen lobt, sollte man die Leine Meter für Meter in Bauchhöhe zu sich herziehen, bis der Hund mit dem Dummy angekommen ist. Dies erfordert Übung und Geschick.

Ausreißer

Bei sogenannten Ausreißern (Hunde, die nicht sicher zurückkommen) kann man auch die Natur ein wenig um Hilfe bitten: Wenn Sie im Sommer trainieren, stellen Sie sich mit Ihrem Hund unter einen Baum in den kühleren Schatten und werfen den Dummy in die pralle heiße Sonne. Ihr Hund wird sicherlich lieber mit dem Dummy zu Ihnen kommen, als wenn Sie die Übung umgekehrt gestalten.

Apportieren mit Begleitung

Man nimmt mit seinem Hund die Grundstellung ein, ein Helfer wirft den Dummy, und man läuft mit dem Kommando *Voran* zusammen mit seinem Hund zur *Fallstelle*. Dort angekommen bekommt der Hund das Kommando *Apport*, und anschließend läuft der Helfer mit Hund zur Ausgangsposition zurück. Spuckt Ihnen Ihr Hund den Dummy vor die Füße, zwingen Sie den Hund nicht ihn festzuhalten, sondern nehmen Sie den Dummy selbst freudig auf und stecken ihn ein, ohne den Hund zu beachten. Gehen Sie mit Ihrem Hund ein

Eine Reizangel kann selbst bei Apportiermuffeln Wunder wirken.

paar Meter, holen den Dummy immer wieder begeistert aus der Tasche, versuchen aber erst wieder einen neuen Apport, wenn Sie der Meinung sind, das Interesse des Hundes wieder geweckt zu haben.

Machen Sie auf keinen Fall den Fehler, Ihrem Hund wie in einem Fußballtor entgegenzuspringen, um ihm den Dummy abzunehmen, bevor er ihn ausspuckt. Einerseits überträgt sich Ihre eigene Unsicherheit auf den Hund, andererseits lernt er dadurch entweder das zu frühe Ausgeben oder entwickelt einen extremen Beutetrieb!

Neigt Ihr Hund zum Einspringen, sollten Sie ihn ab und zu neben sich sitzen lassen, den Dummy werfen (zeitgleich nochmals ein energisches *Sitz* aussprechen) und anschließend selbst zum Dummy gehen, ihn nehmen und zum Hund zurückkehren. Dafür, dass der Hund sitzen geblieben ist, kann er ruhig kurz gelobt werden; er hat dann ein Erfolgserlebnis, wird aber schnell lernen, dass nicht alles, was fliegt, ihm gehört und Einspringen bedeutet. Auch kann man seinen Hund sitzen lassen, zeitgleich mit dem Vortäuschen eines Dummywurfs einen kurzen Leinenruck ausüben und ihm in diesem Moment erneut das Kommando Sitz geben.

Bei einem *Apportiermuffel* hat sich die sogenannte *Reizangel* bestens bewährt, mit der man zunächst einige Trockenübungen ohne Hund machen sollte, da dies einiges an Geschicklichkeit und Übung erfordert. Eine solche Reizangel ist schnell gebastelt, indem man beispielsweise an einem Besenstiel ein Stück Wäscheleine befestigt, an deren Ende man einen Tennisball knotet, der sich in einer Socke befindet. Diese Angel kann man im Kreis um sich herumdrehen, mit ihr laufen und so mit der auf dem Boden hüpfenden Socke *Fluchtverhalten* von Beute imitieren. Der Hund wird in der Regel begeistert auf dieses Spielchen eingehen. Ist er ganz wild auf die Beute, wird die Angel angehoben, sodass sich die Socke etwa einen halben Meter über dem Hund befindet. Automatisch wird der Hund verwundert nach oben schauen – im Optimalfall wird er sich von selbst setzen. Exakt in diesem Moment sollte das Kommando *Sitz* oder der Pfiff für *Sitz* (einmal lang „Piiiiiiep") erfolgen. Sitzt der Hund brav,

bekommt er das Kommando *Apport*, und die Jagd geht von vorn los. Man sollte bei der Wiederholung dieses Spielchens nicht übertreiben – dadurch verliert ein Apportiermuffel irgendwann gänzlich die Lust. Zum Schluss bekommt er seine Beute und sollte sie durch Ihr Kommando *Hier* zu Ihnen bringen und abgeben. Zur Belohnung darf es dann auch einmal ein „Quatschdummy" (einfach irgendwie ohne Kommando geworfen) oder ein Tennisball sein.

Beim übereifrigen Apporteur sollte man mit der Reizangel nicht übertreiben; es schaukelt ihn umso höher. Allerdings lässt sich bei solch einem Hund wunderbar das *Stoppen* (*Sitz*) trainieren!

Wenn auf der Wiese oder im Garten alles einigermaßen zuverlässig klappt, nehmen Sie künftig ein Apportel mit auf die täglichen Spaziergänge, mit dem der Hund auch später gezielt apportieren soll; ich rate an dieser Stelle, ausschließlich Dummys zu verwenden, wenn man mit seinem Hund ernsthaft arbeiten möchte.

Erfolgserlebnis

Da Übungen grundsätzlich mit einem Erfolgserlebnis für den Hund beendet werden müssen, ist man mitunter gezwungen zu improvisieren. Dies kann auch bedeuten, dass man für eine Übung mit seinem Hund mehr Zeit benötigt als geplant oder beabsichtigt. Das heißt nichts anderes, als dass man nach einem vermeintlichen Misserfolg das Übungspensum wieder eine Stufe zurückschrauben muss, bis eine gestellte Aufgabe vom Hund perfekt gemeistert wurde.

Einweisen spielerisch

Dieser Golden Retriever sitzt schon in den Start-löchern. Sein Herrchen weist ihn korrekt ein – so arbeiten Dreamteams!

Einweisen: Dabei zeigt man dem Hund mithilfe der Stimme, Körpersprache oder mit Pfeifensignalen, wo er das Apportel suchen soll.

Auch das sogenannte Einweisen, bei dem man dem Hund deutlich macht, in welche Richtung er laufen soll, kann man spielerisch mit mehreren Futterschüsseln einleiten. Lassen Sie Ihren Hund sitzen, gehen Sie mit einer Schüssel geradeaus, stellen diese mit einem Leckerli ab und kehren dann zu Ihrem Hund zurück. Anschließend gehen Sie mindestens in einem 90-Grad-Winkel von Ihrem Hund weg, stellen dort ebenfalls eine (Ablenkungs-) Schüssel ab, in der oder auf der sich allerdings keine Belohnung befindet. Anschließend kehren

Sie zu Ihrem Hund zurück und schicken ihn zur ersten Schüssel. Höchstwahrscheinlich wird er zwar Ihrem Arm (Sichtzeichen) folgen, aber zur zweiten Schüssel rennen, die er sich zuletzt gemerkt (*Marking*) hat. Durch den selbst verursachten Misserfolg wird der Hund recht schnell lernen, dass es richtig und besser ist, seinem Führer zu vertrauen. Variieren Sie bei dieser Übung die Entfernungen und wechseln Sie ab, ob und in welcher Schüssel sich ein Leckerli befindet.

Aufbauübungen

Bei den Aufbauübungen erwähne ich wieder den Dummy als Beispiel, da dieser bei Prüfungen als Apportel verwendet wird. Sie können natürlich alle Übungen mit anderen Apporteln durchführen. Egal ob Ihr Hund lernen soll, die Brötchentüte an der Haustür abzuholen oder einen Dummy im Wald zu finden: Eine deutliche Kommunikation ist wichtig. Deshalb habe ich im Kapitel über die Aufbauübungen die Begriffe und Übungsbezeichnungen zugrunde gelegt, die bei der professionellen Apportierarbeit verwendet werden. Natürlich können Sie die Bezeichnungen und Kommandos ersetzen und Ihren Bedürfnissen anpassen. Wenn Sie aber weiter wollen, haben Sie damit schon eine wichtige Grundlage.

Normaler Apport – Einfachmarkierung

Markieren: Der Hund soll sich merken, an welcher Stelle das Apportel gefallen ist, er muss dabei also zusehen und zuhören können.

Bei einem normalen Apport lassen Sie Ihren Hund in Grundstellung neben sich *steady* sitzen. Er ist dann aufmerksam, zittert und quietscht nicht und schnüffelt auch nicht am Boden. Sie oder ein Helfer werfen einen Dummy oder ein anderes Apportel vorzugsweise mit Geräusch, während der Hund das Geschehen aufmerksam beobachtet. Während der Dummy fliegt, sollten Sie beginnen, mit Ihrem rechten Arm (auch der linke ist erlaubt) in die Richtung des fliegenden Dummys zu zeigen, während des Flugs ein ausgeprägtes, lang gezogenes *Maaaaark* (Engl. *mark*: merke) aussprechen und gleichzeitig darauf achten, dass Ihr Hund dennoch bei voller Aufmerksamkeit sitzen bleibt, bis Sie ihn zum Apportieren schicken. Ob Sie Ihren rechten oder linken Arm einsetzen, spielt keine Rolle, jedoch sollte es immer der gleiche sein.

Wenn alles klappt, beginnen Sie die Übung schweigend mit Ihrem Hund – er hat gelernt, aufmerksam zu markieren (sich die Fallstelle zu merken) und sitzen zu bleiben! Sie als Führer sollten kritisch immer wieder Ihre Körperhaltung und -sprache überprüfen. Stehen Sie ruhig und konzentriert neben Ihrem Hund, strahlen Sie gelassene Aufmerksamkeit aus und halten Sie Ihre Hände still. Neigen Sie zu Nervosität, verschränken Sie wartend entweder Ihre Hände hinter dem Rücken, halten Sie sie locker vor Ihrem Bauch oder stecken Sie sie entspannt in die – falls vorhanden – Handwärmertaschen (seitliche Einschiebetaschen)

Nach einem Wasserapport bringt dieser Hund zuverlässig …

Ihrer Jacke. Nesteln Sie auf keinen Fall in den Taschen herum, das erschwert es dem Hund, die unbedingt erforderliche Aufmerksamkeit für das Apportiergeschehen aufzubringen. Bei Prüfungen ist jegliche physische Einwirkung auf den Hund, wie etwa ein lässiges Festhalten am rechten Ohr oder ein leichter Klaps auf den Hinterkopf zum Schicken, ein Ausschlussgrund. Erst auf Ihr einmaliges Kommando darf der Hund den Dummy apportieren. Hierzu gehört das zügige Hinlaufen, Aufnehmen, das zügige Zurückkommen ohne auf dem Dummy herumzubeißen oder ihn zu schütteln und die korrekte Abgabe des Dummys (stehend oder sitzend) auf Kommando in eine Hand (*Delivery*).

> Auch der Mensch muss markieren lernen! Oftmals ist es hilfreich, sich am Horizont einen markanten Punkt (zum Beispiel einen Baum, Telegrafenmast oder Holzhaufen) oder einen bestimmten Busch im Gelände zu merken!

Doppelmarkierung

Sind Sie und Ihr Hund inzwischen zu einem gut markierenden Team geworden, können Sie beginnen, die Doppelmarkierung zu üben. Bitten Sie einen geübten Helfer, Ihnen zwei Dummys mit Geräusch zu werfen, damit Sie sich voll auf Ihren Hund konzentrieren können. Der Helfer sollte etwa 20 bis 30 Meter von Ihnen etwas

… und gibt das Apportel perfekt in die Hand.

schräg abseits entfernt stehen und zunächst einen Dummy mit Geräusch werfen. Anschließend wird mit Geräusch ein zweiter Dummy einfach hoch in die Luft mehr oder weniger vor seine eigenen Füße geworfen. Während beider Würfe festigen Sie verbal wieder das *Mark* (*Maaaaark!*) und zeigen Ihrem Hund mit Ihrem Arm die Richtung. Der Hund muss lernen, Ihrer Hand (eventuell dabei mit den Fingern schnippen) zu folgen. Da der Hund den zuletzt geworfenen Dummy besser markiert, wird er versuchen, diesen auch zuerst zu holen – obwohl Sie vielleicht mit Ihrem Arm auf den zuerst geworfenen Dummy weisen. Läuft er zum zuletzt geworfenen Dummy, kann der Helfer diesen wegnehmen, damit der Hund nicht zum Erfolg kommt (Versuch und Irrtum). Rasch wird der Hund lernen, den Dummy zu holen, in dessen Richtung Sie mit Ihrem Arm zeigen. Lassen Sie ihn deshalb nach und nach mal den zuerst und mal den zuletzt geworfenen Dummy holen.

Markierung mit Ablenkung

Bitten Sie einen Helfer, für Ihren Hund einen Dummy zu werfen. Kommt der Hund mit dem Dummy zurück, wirft der Helfer einen zweiten Ablenkungsdummy hoch und nah vor seine eigenen Füße. Lässt der Hund auf dem Rückweg den apportierten Dummy nicht fallen, ist die Welt in Ordnung! Spuckt er ihn hingegen aus, kann der Helfer den *Ablenkungsdummy* rasch aufheben, um das Tauschen zu vermeiden – der Hund kommt zum Misserfolg (Versuch und Irrtum). Der Hund wird schnell lernen, den von Ihnen gewünschten Dummy zu bringen, egal was auf dem Rückweg passiert!

Hat sich der Ausbildungsstand Ihres Hundes gesteigert, können Sie nun dazu übergehen, andere, abwechslungsreichere Gelände auszuwählen, gezielt zu trainieren und das Arbeitspensum (längere Trainingszeiten und schwierigere Aufgaben) nach und nach zu erhöhen.

Vor Apportierübungen sollten stets ein paar Grundgehorsamsübungen an der Leine und frei bei Fuß gemacht werden, damit der Hund sich auf die bevorstehende Konzentration einstimmen kann.

Üben Sie zunächst das *Sitz* mit und ohne Leine mit verbalem Kommando und Pfiff mit der Pfeife (einmal lang „Piep"). Das Sitz auf lange Distanzen wird bei der fortgeschrittenen Dummyarbeit ein absolutes Muss! Benutzen Sie beim Angehen auch nicht mehr nur das Kommando Fuß, sondern regelmäßig auch den kurzen, einmaligen Pfiff mit der Pfeife. So lernt der Hund, dass er beim kurzen Pfiff angehen und später vorangehen muss.

Anmerkung: Beim erfahreneren Hund heißt später der immer wiederkehrende kurze Pfiff (piep, piep, piep…) auf sehr weite Entfernungen: *Voran, Voran, Voran* – bis ein *Stopp*-Pfiff zum Halten oder Sitzen und ein erneutes Kommando vom Führer kommt.

Beginnen sollten Sie zunächst an unbekannten Orten, wöchentlich etwa zwei bis drei Mal. Zu häufiges Apportieren wird auch für einen begeisterten Apporteur langweilig, zu seltenes Apportieren bringt für einen Apportiermuffel keine Fortschritte.

Sind Sie bereits zu einem Basisapportierteam zusammengewachsen und können Sie Ihren Hund einigermaßen einschätzen, können nun die Apportierübungen sehr variabel und abwechslungsreich gestaltet werden.

Voller Eifer ist Hündin Stina auf dem Weg zur Freiverlorensuche.

Werfen Sie beispielsweise einen Dummy über liegende Baumstämme (hier ist das Hören der Fallstelle für den Hund ebenso wichtig wie die gesehene Fluglinie) oder Gräben und achten Sie bei jedem Apport auf seine korrekte Ausführung. Der Hund soll so lange sitzen bleiben, bis er geschickt wird, zügig zum Dummy laufen, es aufnehmen und korrekt auf direktem Weg zu Ihnen zurückbringen, ohne es auszuspucken. Haben Sie einen eher vorsichtigen Hund, wird er beispielsweise einen für ihn bequemen Weg (um Baumstämme herum) wählen; haben Sie hingegen einen *Draufgänger*, wird er sogenannte Geländewechsel, wie beispielsweise Gräben, mühelos durchqueren. Beide Arten des Apportierens sind nicht falsch; erwähnen möchte ich jedoch an dieser Stelle, dass ein eher vorsichtiger Hund im Alltag zwar stressfreier ist, eine gewissen physische Härte des Hundes für die Jagd jedoch unabdingbar ist. Das heißt nichts anderes, als dass er hart im Nehmen ist, weil er zum Beispiel durch Unterholz mit Dornen gehen, ein kaltes Fließgewässer bedingungslos annehmen oder sich auch bei extremer Hitze sowohl konzentrieren als auch freudig, ausdauernd und sauber arbeiten muss. Für einen erfahrenen Hundeführer ist es einfacher einen Powerhund zu bremsen als einen vorsichtigen und womöglich desinteressierten Hund zu motivieren.

Auch beim Apportiertraining muss regelmäßig der Grundgehorsam überprüft und gefestigt werden.

Tipps zu Markierungen

Variieren Sie beim Training stets Ihre Wurfentfernung, damit Ihr Hund sich nicht an Ihre individuelle Arbeitsentfernung gewöhnt. Lassen Sie Ihren Hund sowohl einen nur zwei (langweilige) Meter weit geworfenen Dummy ohne Geräusch als auch einen mit Geräusch weit geworfenen Dummy apportieren. Ein Geräusch – oder später auch ein Schuss – macht das Apportieren für den Hund wesentlich interessanter und steigert seine Aufmerksamkeit enorm.

Walk-up mit einem Mensch-Hund-Team

Immer wieder ist es bei jedem Training wichtig, den Gehorsam und die *Steadyness* durch korrektes Bei-Fuß-Gehen, Sitzen und Herankommen zu festigen – zunächst an der Leine und dann selbstverständlich auch frei bei Fuß; dies wird in mancher Prüfung separat geprüft! Gehen Sie mit Ihrem Hund geradeaus, lassen Sie ihn beim Anhalten sitzen (nach unzähligen Wiederholungsübungen bedarf es beim erfahrenen Hund keines Kommandos mehr) und werfen Sie mit Geräusch Brrrrrrr! einen Dummy. Verhält Ihr Hund sich ruhig und aufmerksam, wird er hierfür gelobt. Wiederholen Sie diese Übung, so oft Sie mögen, passen Sie die Häufigkeit jedoch dem Leistungsniveau Ihres Hundes an. Nach einigen Markierungen, die Sie geworfen haben, sammeln Sie alle Dummys bis auf einen wieder selbst ein. Diesen *Belohnungsdummy* darf Ihr Hund für sein korrektes Verhalten dann apportieren! Diese Übungen sollten Sie auf einem übersichtlichen Gelände ohne übermäßigen Bewuchs durchführen, sodass Ihr Hund die Dummys – insbesondere den Belohnungsdummy – gut sehen kann.

Walk-up mit zwei Mensch-Hund-Teams

Ist Ihrem Hund der Walk-up mit Ihnen allein in Fleisch und Blut übergegangen, können Sie beginnen, die gleiche Übung mit einem weiteren Mensch-Hund-Team (Gespann) oder sogar mit mehreren durchzuführen. Diese Übung erfordert von den teilnehmenden Hunden umso mehr *Steadyness*, je mehr Hunde mitmachen. Junge und unerfahrene Hunde haben dabei manchmal richtig Stress. Beginnen Sie zunächst nur mit einem weiteren Gespann und steigern Sie die Anzahl behutsam, um Ihren Hund nicht zu überfordern.

Übungen für Fortgeschrittene

Jetzt wird's ernst. Aber natürlich macht es trotzdem noch Spaß: In den Übungen für Fortgeschrittene muss der Hund viele Fähigkeiten, aber auch Übungsteile miteinander kombinieren. Er muss sehr aufmerksam sein (Sie übrigens auch!), er muss sich verschiedene Fallstellen des Apportels merken und sehr genau auf Ihr Kommando achten. Eine tolle Zusammenarbeit für Mensch-Hund-Teams!

Voran

Lassen Sie unterwegs Ihren Hund zwischendurch auch einmal sitzen, gehen ein

Dieser Hund merkt sich aufmerksam die Fallstelle.

paar Meter weit von ihm weg, legen ihm sichtbar einen Dummy auf den Boden, gehen zurück zu Ihrem Hund und schicken Sie ihn dann erst voran! Bei dieser Übung kann die Arbeitsdistanz sehr gut variiert werden und die Entfernung von Übung zu Übung beliebig erweitert oder verkürzt werden. Ferner ist dies eine gute vorbereitende Übung auf spätere *Blinds*. Nutzen Sie anfänglich Hilfestellungen des Geländes, üben Sie an Hecken, an Zäunen oder auf Feld- oder Waldwegen, auf denen wenn möglich sogar noch Fahrspuren von Fahrzeugen in gerader Linie vorhanden sind. Diese optischen und geländebedingten

Hilfsmittel sind für den Hund sehr nützlich, und er ist mehr oder weniger gezwungen geradeaus zu laufen. Auf einer glatten, ausschließlich grünen Wiese neigt ein ungeübter Hund dazu, Bögen zu laufen, was nicht erwünscht ist. Läuft Ihr Hund trotz visueller und geländebedingter Hilfen dennoch – vor allem auf dem Hinweg – nicht geradeaus, ist die von Ihnen bestimmte Entfernung noch zu weit und zu schwierig für ihn. Gehen Sie in Ihrem Übungspensum einen Schritt zurück.

Gehen Sie mit Ihrem Hund Fuß, legen unterwegs für ihn sichtbar einen Dummy aus und gehen mit ihm weiter. Drehen Sie sich nach circa zehn Metern zusammen mit Ihrem Hund um und schicken ihn dann Voran auf den unterwegs ausgelegten Dummy.

Eine weitere abwechslungsreiche Übung für den Hund ist das Zurückschicken (*Back*). Gehen Sie wie in der Übung zuvor mit Ihrem Hund Fuß, legen einen Dummy aus, gehen etwa zehn Meter mit ihm weiter und lassen ihn in Ihrer Laufrichtung sitzen. Sie selbst gehen anschließend ein paar Meter weiter, drehen sich um und schicken ihn – eventuell nach einem kurzen *Sitz*-Pfiff oder -Kommando, um seine volle Aufmerksamkeit zu erlangen mit erhobenem Arm und ausgestrecktem Zeigefinger – anschließend *Back*. Hierzu öffnen Sie Ihre Hand und spreizen die Finger so, als ob Sie Ihre nasse Hand von Wasserspritzern befreien wollten. Nun muss sich Ihr Hund umdrehen, zum ausgelegten Dummy laufen und ihn Ihnen korrekt bringen. Gelingt diese Übung noch nicht, machen Sie als positiven Abschluss mit Ihrem Hund einen Apport, den er bereits beherrscht.

Ist Ihr Hund jedoch bereits *steady* und beherrscht das Apportieren, können Sie folgende Übung beginnen:

Lassen Sie Ihren Hund sitzen, gehen ein paar (wenige) Meter, drehen sich um und werfen einen Dummy über Ihren Hund hinter ihn in Verbindung mit dem *Sitz*-Pfiff, um ihn am Einspringen zu hindern. Erst wenn der Hund wieder voll auf Sie konzentriert ist und Ihren Augenkontakt hat, schicken Sie ihn wie zuvor beschrieben *Back*.

Um das *Voran* weiter zu festigen, können Sie dazu übergehen, mehrere Dummys (zunächst zwei, dann drei und so weiter) – exakt in einer Linie, damit der Hund geradeaus voranläuft – in verschiedenen

Entfernungen auszulegen. Lassen Sie Ihren Hund sitzen, gehen einige Meter, legen einen Dummy aus (wiederholen Sie beim Anfängerhund beim Ablegen des Dummys das Kommando *Sitz*), gehen Sie weiter und legen einen zweiten Dummy wieder nach einigen Metern aus (wiederholen Sie hierbei erneut das Kommando *Sitz*); kehren Sie zu Ihrem Hund zurück und schicken ihn *Voran*. Beim ersten Dummy angekommen erhält er das Kommando *Apport* und dann *Hier*. Ist er bei Ihnen angekommen, loben, Dummy abnehmen und ihn erneut *Voran* schicken. Beim zweiten Dummy bekommt er erneut das Kommando *Voran* und *Hier* und so weiter. Variieren Sie bei dieser Übung die Entfernungen und die Anzahl der Dummys je nach Ausbildungsstand des Hundes. Lassen Sie Ihren Hund auch ab und zu sitzen, entfernen sich relativ weit und legen einen Dummy aus. Zum Hund zurückgekehrt, schicken Sie ihn zum Dummy *Voran* und versuchen Sie ihn auf dem Hinweg zum Dummy mit *Sitz* oder Pfiff zu stoppen. Klappt diese Übung, weil der Hund gut im Gehorsam steht: wunderbar! Dann wird der Hund mit einem erneuten *Voran* weitergeschickt und darf den Dummy holen. Klappt diese Übung nicht und läuft der Hund ungebremst zum Dummy und bringt ihn zurück, wird er weder gelobt noch gestraft – die Übung war für ihn noch zu schwierig. Nehmen Sie beim nächsten Mal bei dieser Übung einen Helfer in Anspruch, der sich von Ihnen und dem Hund weit entfernt und den Dummy ablegt, zu dem Sie Ihren Hund schicken. Lässt er sich unterwegs nicht stoppen, nimmt der Helfer den Dummy schweigend auf, und Sie rufen Ihren Hund ohne *seinen Erfolg*, also ohne Dummy, zurück! Schnell wird der Hund lernen, dass er nur zum Erfolg kommt, wenn er sich unterwegs auch stoppen lässt. Bei derart apportierfreudigen Hunden kann man auch einen Dummy werfen, den Hund sitzen lassen, selbst zum Dummy gehen und ihn aufnehmen. Anschließend wird der Hund einfach nur mit *Hier* gerufen, ohne dass er irgendetwas apportieren darf.

Hier wird der Feldweg als optische Hilfe ausgenutzt, um es dem Hund zu erleichtern in gerader Linie zu laufen.

Lassen Sie Ihren Hund auch ab und zu sitzen, gehen von ihm weg, lassen einen Dummy fallen (begleitend mit dem unterstützenden *Sitz*-Pfiff oder Kommando *Sitz*), gehen rückwärts weiter und rufen dann Ihren Hund *Hier*. Ist er in Höhe des Dummys, bekommt er das Kommando *Apport* und wieder Hier. Sie werden sehen, wie einprägsam solche Übungen für die absolut notwendigen Kommandos *Sitz*, *Voran*, *Apport* und *Hier* sind!

Eine weitere vorbereitende *Einweiseübung* lässt sich ebenfalls gut an Land üben. Lassen Sie Ihren Hund sitzen, gehen vor Ihren sitzenden Hund und legen je einen Dummy genau auf die Höhe Ihres Hundes rechts und links ungefähr 1,5 bis 2 Meter neben ihn. Gehen Sie dann mit erhobenem Zeigefinger rückwärts ein bis zwei Schritte von ihm weg, öffnen Ihre Hand (je nachdem, zu welchem Dummy Sie ihn schicken möchten, die rechte oder linke Hand), sodass für den Hund Ihre offene flache Handfläche sichtbar wird, und zeigen dann mit einer 90-Grad-Abwärtsbewegung nach rechts oder links zum jeweiligen Dummy, begleitet vom Kommando *Apport* (rechte Hand für den rechten Dummy, linke Hand für den linken Dummy!). Anfänglich sollten Sie den Hund grundsätzlich zu dem zuletzt ausgelegten oder geworfenen Dummy schicken, da er sich diesen letzten besser merkt. Erst wenn diese Übung sitzt, sollte man ihn zu dem zuerst ausgelegten oder geworfenen Dummy schicken und nach und nach die Entfernung steigern.

Schnell lernen Hunde unsere winkende Körperbewegung nach rechts und links zu deuten, um später auf längere Entfernungen eingewiesen werden zu können. Achten Sie bei der winkenden Abwärtsbewegung Ihrer jeweiligen rechten oder linken

Hand jedoch tunlichst darauf, dass Sie mit beiden Beinen auf dem Boden stehen bleiben und nicht das jeweils entgegengesetzte Bein eine Aufwärtsbewegung macht, als würden Sie eine Tanzübung durchführen. Diese Hampelmann-Bewegung irritiert den Hund.

Eine weitere Übung kann wie folgt gestaltet werden: Der Hund sitzt, Sie gehen mit einem Dummy einige Meter von ihm weg, bleiben stehen, bücken sich und spielen Ihrem Hund vor, am Boden wäre etwas ganz Interessantes. Zupfen Sie ein paar Grasbüschel heraus, scharren Sie mit der Hand etwas am Boden und gehen Sie zu Ihrem Hund zurück. Anschließend schicken Sie ihn voran – sicherlich wird er an der interessanten Stelle innehalten und irgendetwas erwarten. In diesem Moment bekommt er das Kommando *Sitz*! Schaut er Sie fragend an, werfen Sie verbunden mit einem *Sitz*-Pfiff einen Dummy rechts oder links vom Hund einige Meter von ihm entfernt. Erst wenn er wirklich Blickkontakt zu Ihnen hat, bekommt er das Kommando *Voran*, verbunden mit Ihrer winkenden Bewegung des Armes – entweder links oder rechts.

Blinds

> Blind: Bei dieser Übung kann der Hund nicht sehen, was geworfen wird und wohin es fällt. Er muss das Apportel also suchen.

Nachdem Sie mit Ihrem Hund viele vertrauensbildende Apporte geübt und immer wieder gefestigt haben, können Sie langsam die Vorbereitung auf sogenannte Blinds beginnen. Bei der Dummyarbeit muss der Hund Ihnen stets vertrauen können, Sie selbst müssen also immer exakt wissen, wo sich ein Dummy befindet. Schicken Sie Ihren Hund irgendwann in ein Gebiet, wo er vergeblich sucht, verliert er an Vertrauen. So banal es klingt: Es ist für uns Menschen oftmals sehr schwer, und es bedarf einiges an Training und Konzentration, sich eine Fallstelle oder ein Suchgebiet zu merken.

Einweisen auf Blinds

Helfer

Wenn man an Prüfungen teilnehmen will, ist die Gewöhnung an einen Helfer sinnvoll und notwendig, da auf jeder Dummyprüfung Helfer anwesend sind. Wenn Hunde nicht daran gewöhnt sind, könnten sie bei einer Prüfung skeptisch auf den Helfer reagieren und möglicherweise dadurch abgelenkt sein.

Für die folgende Übung benötigt man unbedingt einen Helfer. Lassen Sie Ihren Hund sitzen, gehen einige Meter, legen einen Dummy aus, den er gut sehen kann, und gehen zu Ihrem Hund zurück. Nachdem Sie ihn geschickt haben und er auf dem Rückweg zu Ihnen ist, sollte ein Helfer exakt an die Stelle des zuvor von Ihnen ausgelegten Dummys einen zweiten Dummy auslegen. Nachdem Ihr Hund Ihnen den ersten Dummy ordentlich gebracht hat, schicken Sie ihn erneut an dieselbe Stelle voran.

Korrektes Einweisen. Mensch und Hund sind voll konzentriert. Der Führer hat die Pfeife bereits im Mund, um seinen Hund auf Entfernung akustisch zu lenken.

legen oder werfen Sie ein *Blind* für ihn aus (wichtig: Merken Sie sich genau die Stelle – im Zweifel stecken Sie ein Stöckchen in den Boden). Achten Sie darauf, dass Sie nicht die Strecke laufen, auf die Sie anschließend Ihren Hund schicken – er wird Ihrer hinterlassenen Spur aufgrund seiner guten Nase sehr schnell folgen, anstatt Ihrem Kommando *Voran* zu folgen! Holen Sie anschließend Ihren Hund aus dem Auto, setzen Sie ihn in Grundstellung an und konzentrieren Sie ihn auf Ihren Arm und Ihre Hand, die ihm die Richtung weisen. Schicken Sie ihn nicht sofort, sondern machen Sie es spannend – zeigen Sie mit Ihrem Arm etwas hin und her, bis Sie sicher sind, dass der Hund Ihrer Hand folgt (im Zweifel schnippen Sie kurz mit den Fingern). Erst wenn der Hund völlig aufmerksam ist und Sie ihm exakt die Richtung auf das *Blind* weisen, wird er voran geschickt! In der Nähe der (Fall-) Stelle bekommt er jetzt unterstützend den *Such*-Pfiff. An seiner Körpersprache – hektischeres Rutenwedeln – werden Sie erkennen, wann er an der (Fall-) Stelle angekommen ist, worauf er eventuell sofort das freundliche Kommando *Hier* bekommt.

Wollen Sie Ihren Hund nach rechts und links einweisen, ist es Voraussetzung, dass er zuverlässig die Kommandos *Voran* und *Sitz* auf Entfernung beherrscht. Lassen Sie Ihren Hund neben sich sitzen, gehen mindestens 20 Meter geradeaus von ihm weg und stecken dort einen mindestens einen Meter langen Stock (Skistöcke eignen sich hierfür hervorragend) in den Boden, legen an den Stock auf den Boden einen Dummy und kehren zu Ihrem Hund zurück. Anschließend schicken sie ihn voran. Klappt diese Übung, wiederholen Sie diese wie beschrieben, tun aber nur so, als ob Sie

In der Nähe der Stelle, wo sich der *heimlich* ausgelegte Dummy befindet, erhält der Hund das Suchkommando (immer wiederkehrender kurzer Pfiff). Hat er den Dummy aufgenommen, geben Sie eventuell unterstützend das Kommando *Hier*.

Sitzt diese Übung, können Sie versuchen, allein ein *Blind* vorzubereiten. Fahren Sie mit Ihrem Hund an eine Wiese (Wanderparkplatz), lassen Sie ihn im Auto, und einen Dummy ablegen. Gehen Sie dann 90 Grad nach rechts oder nach links, stecken dort einen zweiten Stock in den Boden und legen einen Dummy hin. Zu Ihrem Hund zurückgekehrt, schicken Sie ihn voran auf den ersten Stock und pfeifen ihn ins *Sitz*. Sucht er irritiert und fragend den Sichtkontakt zu Ihnen (erst dann!), schicken Sie ihn mit einer winkenden Handbewegung zum zweiten Stock, wo er zum Erfolg kommt und einen Dummy findet. Wechseln Sie links und rechts so oft

ab, bis diese Übung funktioniert. Erst dann versuchen Sie es ohne den ersten (geradeaus steckenden) Stock als optische Orientierungshilfe, und anschließend lassen Sie die Stöcke rechts und links ebenso weg. Festigen Sie diese Übung auf einem gut einsichtigen Gelände mit wenig Bewuchs. Erst wenn alles klappt, können Sie Dummys auslegen, während Ihr Hund außer Sicht wartet und dann auf völlige *Blinds* ohne Orientierungshilfe und ohne Helfer eingewiesen werden kann.

Dieser Golden Retriever kommt etwas zögerlich zurück.

Verlorensuche

Verlorensuche oder auch Freiverlorensuche: Hierbei wissen weder Hund noch Hundeführer, wo das Apportel genau liegt. Der Hundeführer kann seinem Hund dabei nur ungefähr die Richtung zeigen. Der Hund muss also sehr selbstständig arbeiten.

Für das Training der Verlorensuche sollten Sie auf alle Fälle einen Helfer mitnehmen und zunächst ein nicht zu schwieriges Gelände wählen (ohne extremen Bewuchs, extremes Gefälle oder Steigungen). Nehmen Sie mit Ihrem Hund (zum Beispiel auf einem Waldweg) die Grundstellung ein, während Ihr Helfer mit mehreren Dummys ein Stückchen in den Wald hineingeht und mit Begeisterungsäußerungen die Dummys auslegt oder auswirft. Achten Sie darauf, dass der Hund konzentriert, aber ruhig sitzend das Geschehen verfolgt. Anschließend verlässt der Helfer das Suchengebiet, das jetzt Sie und Ihr Hund kennen, und Sie zeigen ihm mithilfe Ihrer Hand das Gebiet (wenn möglich genau die Winkel, in denen sich alle Dummys befinden) und schicken ihn dann einfach los. Dazu können Sie das Such (Hi lost) verwenden. Ein apportierbegeisterter Hund wird freudig in das spannende Gebiet gehen und auch suchen und finden! Achten Sie unbedingt auf die Körpersprache Ihres Hundes; hat er einen

Beim Apportiertraining hat sich eine Dummytasche bewährt. Darin kann alles verstaut werden, was Sie zum Training brauchen.

Dummy, freuen Sie sich und rufen ihn. Nach erfolgreichem Abliefern in Ihre Hand lassen Sie ihn wieder Grundstellung einnehmen, zeigen Sie ihm erneut ruhig das Gebiet und schicken ihn wieder los. Bei einem Apportiermuffel sollten Sie nicht darauf bestehen, ihn wieder in die Grundstellung zu bringen. Schicken Sie ihn überschäumend begeistert nach erfolgtem *Delivery* des ersten Dummys wieder in das Suchgebiet.

Spätestens beim Training der Verlorensuche ist eine Dummytasche sehr nützlich! Legen Sie die gebrachten Dummys auf keinen Fall auf den Boden neben sich oder werfen den Dummy sogar lieblos hin. Entweder fühlt der Hund sich dann animiert, den Dummy vom Boden aufzunehmen, oder hat das Gefühl, er habe Ihnen etwas Tolles gebracht, was Sie einfach achtlos wegwerfen. Wenn Ihr Hund weiß, was *Such* (*Hi lost*) bedeutet, können Sie auch allein ein Suchgebiet vorbereiten, während Ihr Hund im Auto wartet oder abseits abgelegt ist. Anfänglich dürfen Sie ruhig selbst in das Suchgebiet gehen (Ihre Spuren helfen dem Hund) und mit Kreide die Bäume markieren, an denen Sie die Dummys auslegen, damit Sie später selbst die Stellen wiedererkennen. Nachdem die Dummys ausgelegt sind, holen Sie Ihren Hund und führen die Übung nun allein durch. Auch bei der Verlorensuche können Sie Ihrem Hund helfen. Herrscht beispielsweise Gegen- oder Rückenwind, sollte man den Hund etwa mittig vom Suchgebiet ansetzen, damit er Witterung aufnehmen kann. Kommt der Wind von links, sollte man ihn am rechten äußeren Ende ansetzen; wobei man ihn links vom Suchengebiet ansetzen sollte, wenn der Wind von rechts kommt.

Fehlerquelle

Eine häufige Fehlerquelle bei der Dummyarbeit ist das *Tauschen*! Manche Hunde neigen dazu, einen anderen Dummy mitzunehmen, den sie zufällig auf dem Rückweg finden. Sie legen dann den bereits apportierten Dummy ab, nehmen den neuen Dummy auf und bringen ihn zu ihrem Führer. Bei den Brauchbarkeitsprüfungen, wie beispielsweise der Herbstzuchtprüfung (HZP), ist das Tauschen auf einer Schleppe hingegen erlaubt.

Fährten- und Schleppenarbeit

Bei der Fährtenarbeit wird der Hund an einem Geschirr von seinem Führer begleitet und sucht mittels seines Geruchssinnes vorher ausgelegte Gegenstände in einem Wiesen- oder Ackergelände. Er soll diese dann durch entsprechendes Verhalten beim Auffinden anzeigen. Der vom Hund aufzunehmende Fährtengeruch entsteht durch Bodenspuren und -verwundungen und dadurch entstehende Boden- und Pflanzengerüche sowie den Individualgeruch des Fährtenlegers. Diesem Mischgeruch, der durch das Legen einer Fährte entsteht, soll der Hund folgen und somit die Fährte ausarbeiten. Das Ausarbeiten ist eine schöne Alltagsbeschäftigung zur Triebauslastung, wird aber auch in Prüfungen gefragt. Die Länge und Beschaffenheit der abzusuchenden Fährte sowie die Anzahl der Gegenstände richtet sich im Vielseitigkeitssport nach den entsprechenden Prüfungsstufen (VPG 1, VPG 2, VPG 3). Jede dieser Prüfungen stellt eine Steigerung der Schwierigkeit dar und

Aufmerksam arbeitet dieser Hund eine Schleppe aus. Er trägt dazu eine spezielle, besonders lange Leine, die sogenannte Schleppleine.

kann nur der Reihenfolge nach abgelegt werden. Die Fährtenhundeprüfung FH 1 und FH 2 sind eigenständige Prüfungen, bei denen der Hund nur in der Fährtenarbeit vorgeführt wird.

Bei einer Schleppe soll der Hund einen bestimmten Geruch mit seiner Nase auf dem Boden verfolgen und am Ende etwas finden, was diesen Geruch ausgelöst hat. Bei der jagdlichen Arbeit werden Schleppen mit Wild oder Wildgeruch gezogen. Sie können für die tägliche Auslastung Ihres Hundes aber auch eine Übung mit der Schleppe durchführen, bei der Sie etwas anderes verwenden, das stark riecht. Geben Sie zum Beispiel Pansen in eine Tüte, schneiden Sie diese an einer Ecke auf und ziehen sie zunächst geradeaus über den Boden, wobei Sie am Ende der Schleppe ein Stück-

chen Pansen zur Belohnung auslegen. Lassen Sie den Hund beim Ziehen einer Schleppe nicht dabei sein (er kann im Auto warten), oder bitten Sie einen Helfer, eine Schleppe für Ihren Hund zu ziehen. Der Schleppenzieher verschwindet und läuft auf dem Rückweg nicht über die gezogene Spur! Anschließend legen Sie den noch ungeübten Hund ruhig an der Ausgangsposition ab, zeigen ihm mit der Hand die interessante Stelle, an der sich der Beginn der Spur befindet, und schicken ihn ruhig auf die Schleppe. Ich bevorzuge hierfür das lang gezogene und ruhige Kommando *Spur* (*Spuuuuuuur*). Anschließend vertrauen Sie Ihrem Hund! Hat er seine Arbeit gut gemacht, können Sie die Distanz vergrößern und Stück für Stück auch ein bis zwei Winkel einbauen.

Training am Wasser

Voraussetzung für die Wasserarbeit ist selbstverständlich, dass Ihr Hund gut und gerne schwimmt. Einen Welpen sollte man nicht bei Eiseskälte erstmalig mit Wasser konfrontieren oder ihn in extreme Fließgewässer schicken. Hat Ihr Hund Probleme, Wasser anzunehmen, ist es oft hilfreich, wenn er durch Artgenossen motiviert wird, die Spaß am Schwimmen haben. Ist dies nicht der Fall, hilft in der Regel nur eins: Sie müssen selbst ins Wasser. Schwimmen Sie ein Stück hinaus und sorgen dafür, dass kein anderes Familienmitglied oder Freunde am Ufer bleiben. Allein gelassen wird der Hund Ihnen automatisch folgen. Sie können sich auch mit einem Dummy oder Ball selbst ins Wasser stellen und ihn freundlich locken. Normalerweise motiviert dies einen Hund genug, sich ins nasse Vergnügen zu begeben. Haben Sie Geduld, wenn es nicht sofort klappt, und üben Sie keinen Druck aus – es gibt kaum einen Apportierhund, der nicht schwimmt!

Gewöhnung an die Wasserarbeit

Beherrscht Ihr Hund das Schwimmen, beginnen Sie mit den ersten Apporten zunächst, indem Sie Ihren Hund über (*Over*) ein Gewässer apportieren lassen. Wählen

Wenn ein Hund solche Sprünge macht, kann man davon ausgehen, dass er großen Spaß an der Wasserarbeit hat.

Dieser Retriever hält den Dummy noch nicht korrekt in der Mitte. Das sollte im Training noch verbessert werden.

Sie zunächst einen kleinen, nicht zu stark fließenden Bach für diese Übung; um einen kleinen Teich, Tümpel oder See kann ein Hund eventuell herumlaufen! Legen oder werfen Sie einen Dummy gut sichtbar für den Hund ans andere Ufer und schicken ihn dann mit *Rüber* oder *Over* hinüber. Der ungeübte Hund oder Welpe wird schnell lernen, eine Gewässerseite anzunehmen, zu durchwaten oder -schwimmen, auf der anderen Seite wieder hinauszuklettern, am anderen Ufer den Dummy aufzunehmen und zu Ihnen zurückzukommen. Loben Sie ordentlich, wenn er sich auf dem Rückweg befindet.

Einfache Wassermarkierung

Hat Ihr Hund gelernt, freudig das Wasser anzunehmen, hinüberzuschwimmen und mit dem Dummy zu Ihnen zurückzukommen, können Sie damit beginnen, die ersten Wassermarkierungen an einem größeren Gewässer zu arbeiten.

Nehmen Sie mit Ihrem Hund zunächst recht nah am Ufer Grundstellung ein und werfen einen Dummy ins Wasser. Erst wenn der Dummy im Wasser gelandet ist, schicken Sie Ihren Hund zum Apport. Gehen Sie, wenn der Hund auf dem Rückweg zu Ihnen ist, so nah wie möglich an den Ausstieg, eventuell sogar ins Wasser (Gummistiefel!), damit Ihr Hund den Dummy rechtzeitig auf das Kommando Aus in Ihre Hand geben kann (*Delivery*), bevor er ihn ausspuckt. Auf dem Rückweg zu Ihnen an Land mit nassem Fell zeigt sich spätestens bei dieser Übung, ob Ihr Hund das Kommando *Fest* oder *Halten* verinnerlicht hat und im Gehorsam steht. Kein Hund geht gern längere Distanzen über Land mit einem patschnassen Fell (langhaarige Rassen);

Ein gutes Gespann. Der Hund wartet brav, bis er zum Wasserapport geschickt wird. Das erfordert viel Training.

Ihr treuer Begleiter wird es nach systematischem, geduldigem Training in kleinen Schritten aber trotzdem für Sie tun. Nicht selten sieht man unseren Vierbeinern jedoch nach dem Ausstieg an, dass ihnen der Weg zu Ihnen mit nassem Fell überhaupt nicht gefällt – die meisten Hunde gehen dabei ziemlich langsam!

> Das Kommando *Schüttel dich* ist völlig überflüssig – das macht ein Hund von ganz allein, wenn er aus dem Wasser kommt. Gefragt ist bei der Wasserarbeit das Kommen mit nassem Fell ohne Schütteln!

Doppelmarkierung an Land und im Wasser

Bei wasserfreudigen Hunden ist es ratsam, einen ersten Dummy ins Wasser und einen zweiten an Land zu werfen. Erfahrungsgemäß wird der Hund sich gern auf den zuerst geworfenen Dummy ins Wasser und dann auf den zweiten an Land schicken lassen. Klappt dies zuverlässig, kann man zunächst einen Dummy an Land und den zweiten ins Wasser werfen. Meist neigt ein wasserfreudiger Hund bei einer solchen Doppelmarkierung dazu, dem doppelten Reiz zuletzt gemerkter Dummy plus Wasser zu folgen, um zunächst aus dem Wasser zu apportieren. Das können Sie leicht anhand einer langen Leine verhindern. Anstatt dem Hund dann seinen Willen zu lassen und zum Erfolg zu kommen, kann man dieses Fehlverhalten dadurch quittieren, dass man den Hund ablegt und den Landdummy selbst holt. Anschließend läuft man

mit seinem Hund etwas Unterordnung, lässt ihn dann einen normalen langweiligen Dummy an Land apportieren, und erst dann darf der Hund den Wasserapport üben.

Doppelmarkierung Wasser

Apportiert Ihr Hund sauber aus dem Wasser, kann man die Anforderungen vorsichtig steigern. Ein Helfer wirft eine normale Wassermarkierung, die Ihr Hund ruhig, aber aufmerksam in Grundstellung verfolgen sollte. Nach einer kurzen Wartezeit wirft er einen an einer Schnur befestigten Dummy als zweite Markierung, die sich der Hund bekanntlich besser gemerkt und gespeichert hat. Schicken Sie Ihren Hund anschließend auf den zuerst geworfenen Dummy. Klappt dies – wunderbar! Schwimmt Ihr Hund hingegen zum zweiten, zuletzt von ihm gemerkten Dummy, den der Helfer zu Beginn geworfen hat, kann dieser ihn mittels einer Schnur rasch zu sich aus dem Wasser ziehen. Durch diesen Versuch und den damit verbundenen Misserfolg lernt der Hund in der Regel schnell, Ihren Anweisungen zu folgen und Ihnen zu vertrauen. Noch während der Hund in Richtung auf den zweiten Dummy schwimmt, sollten Sie ihn aus dem Wasser zurückrufen, um zumindest seinen Gehorsam zu festigen. Tut er dies nicht, ist zunächst nach dem Apport des ersten Dummys die Wasserarbeit stillschweigend auf einen anderen Tag zu verschieben, da der Hund seinen Willen durchgesetzt hat. Machen Sie lieber ein paar Unterordnungsübungen an Land und treten dann den Heimweg an.

Für die nächste Übung wird wiederum ein (besser noch zwei) Helfer benötigt: Lassen Sie durch einen Helfer dem Hund eine interessante (mit Schuss oder Geräusch verbundene) Markierung eines an einer Schnur befestigten Dummys werfen. Nach aufmerksamem und ruhigem Beobachten des Geschehens schicken Sie Ihren Hund an die Arbeit. Auf dem Rückweg des Hundes zu Ihnen wirft derselbe oder ein zweiter Helfer einen an einer Schnur befestigten zweiten Dummy ins Wasser und hat so auch hier die Möglichkeit, diesen aus dem Wasser zu ziehen, falls Ihr Hund den bereits apportierten Dummy ausgibt und auf den Ablenkungsdummy zuschwimmt. Auch der erste Dummy sollte in diesem Fall rasch aus dem Wasser gezogen werden, damit der Hund überhaupt kein Erfolgserlebnis nach seinem Sinn hat. Rufen Sie ihn stattdessen an Land, machen mit ihm ein paar Unterordnungsübungen – insbesondere Fußarbeit mit und ohne Leine – und beenden die Trainingseinheit für diesen Tag.

Erst wenn der Hund sicher den jeweiligen Dummy aus dem Wasser holt, auf den Sie ihn schicken, können Sie die Mehrfachmarkierungen am Wasser allein üben.

Stöbern am anderen Ufer

Suchen Sie für die Stöberarbeit ein Gewässer, an dessen gegenüberliegendem Ufer höherer Bewuchs ist. Werfen Sie Ihrem Hund einen Dummy an dieses bewachsene Ufer, sodass er ihn auf keinen Fall nach dem Ausstieg sehen kann. Außerdem fällt das *Marking* auf einer gegenüberliegenden Gewässerseite teils durch Strömungen oder durch den Abbruch des Sichtkontakts zum Dummy während des Schwimmens sehr schwer. Während der Hund in Richtung des anderen Ufers schwimmt, unterstützen Sie ihn mit dem Kommando *Over* oder

Nach dem Over-Schicken und Stöbern am anderen Ufer im Schilf begibt sich der Hund auf den Rückweg zu seinem Herrchen.

Rüber. So lernt er, dass von Ihnen weg-schwimmen *Over* beziehungsweise *Rüber* und Am-anderen-Ufer-Aussteigen bedeutet. Auf der anderen Uferseite können Sie ihn verbal oder mittels Pfiff zum Suchen animieren. Schnell wird der Hund lernen, nach dem Ausstieg auf der anderen Uferseite nach dem Dummy zu suchen – er stöbert im Bewuchs mittels Nasenarbeit. Wenn Ihrem Hund das Stöbern liegt, steigern Sie die Schwierigkeit durch stärkeren Bewuchs.

Over-Schicken

Sind Sie der Auffassung, dass der Hund weiß, was *Over* beziehungsweise *Rüber* bedeutet, schicken Sie ihn ohne Anreiz (fliegender Dummy) auf die andere Uferseite. Anfänglich wird Ihr Hund nicht genau wis-sen, was Sie von ihm verlangen: In dieser Ausnahmesituation dürfen Sie kleine Steinchen, die Sie sicherheitshalber vorher in Ihrer Tasche deponiert haben, vor dem Hund ins Wasser werfen, um ihn zum Vorwärtsschwimmen zu motivieren – immer weiter in Richtung des anderen Ufers. Ist Ihr Hund kurz vor dem anderen Ufer angekommen, werfen Sie ihm einen Dummy. Sicherlich wird er begeistert weiterschwimmen, am anderen Ufer aussteigen und den Dummy apportieren.

Bauen Sie nach und nach die animierenden Reize (Steinchenwerfen) ab und beschränken Sie sich auf das immer wiederkehrende Kommando *Over* oder *Rüber*!

Sind Sie sich sicher, dass der Hund die Kommandos beherrscht, lassen Sie ihn an einem abgelegenen Ort *Platz* machen, von dem er keinen Sichtkontakt zu Ihnen

So ein genoppter Kunststoff-Dummy lässt sich gut fassen und sicher durchs Wasser transportieren. Durch die Signalfarbe ist er auch für den Hundeführer gut sichtbar, falls er doch einmal verloren gehen sollte.

haben kann. Hierfür muss absolute *Stea-dyness* beim Hund vorhanden sein. Ist dies nicht der Fall, lassen Sie ihn entweder im Auto oder bitten Sie einen Helfer, die nachfolgende Vorbereitung für Sie zu treffen.

Auf einer gegenüberliegenden Seite eines Gewässers wird für den Hund ein *Blind* ausgelegt. Anschließend holen Sie Ihren Hund oder gehen mit ihm, nachdem der Helfer Ihnen das Okay gegeben hat, an den Einstieg und schicken ihn *Over/Rüber*.

Achten Sie bei allen Trainingseinheiten auf korrekte Ausführung. Erst auf Kommando darf der Hund ins Wasser! Während des Wartens muss er sich sehr aufmerksam und dennoch ruhig verhalten.

Vor dem korrekten *Delivery*, dem Ausgeben in Ihre Hand, ist Schütteln tabu.

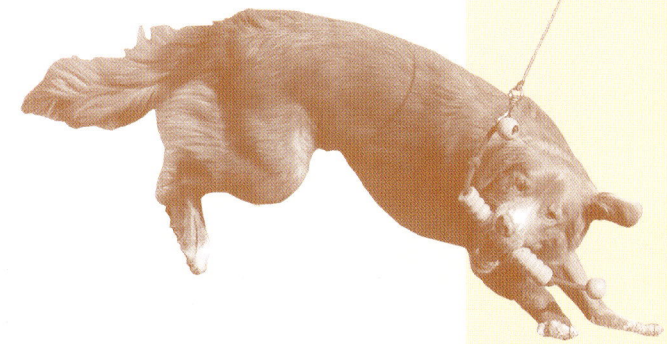

Was man sonst noch wissen sollte

Neben diversen Apporteln gibt es noch viele weitere nützliche Utensilien, die man bei der Apportierarbeit sinnvollerweise einsetzen kann. Außerdem ist ein umfassendes Wissen über die Natur, Tierschutz, sowie Windverhältnisse und das Gelände, auf dem man trainiert, erforderlich.

Sinnvolles Zubehör

Für die ersten Übungen, aber auch für die fortgeschrittene Apportierarbeit benötigt man einige Utensilien in jedem Fall, andere haben sich je nach Apportieraufgabe als sinnvolle Ergänzung erwiesen.

Der kleine Terrier wartet brav vor einem Futterdummy. Ob da noch etwas Leckeres für ihn herausspringt?

Lange Leine

Eine lange dünne, farblich auffällige (damit sie auch schmutzig in der Natur gut sichtbar ist) Leine kann stets hilfreich sein, um den Hund daran zu fixieren, damit er nicht ausbrechen oder Umwege laufen kann. Man kann aber auch einen Dummy oder einen anderen zu apportierenden Gegenstand daran befestigen, wenn man nicht sicher ist (vor allem im Wasser), ob der Hund das Apportel auch zurückbringt.

Neigt Ihr Hund dazu, sich auch einmal aus dem Staub zu machen, sollten Sie beim Training eine etwa zehn Meter lange Feldleine mit sich führen. Diese Leine sollte eine auffällige Farbe haben, damit Sie sie selbst im Gelände gut wiederfinden können. So können Sie Ihren Hund offiziell ableinen, sodass er das Gefühl der Freiheit hat, halten ihn aber sicherheitshalber an der Feldleine, durch die Sie weiterhin auf ihn Einfluss haben und ihn auf einmaliges Rufen zurückholen können. Die Leine sollten Sie am Boden schleifen lassen und nicht festhalten; entfernt sich der Hund annähernd mehr als zehn Meter, können Sie auf die Leine treten und damit seinen Radius begrenzen. Heben Sie insbesondere bei großen, schweren Hunden die Leine niemals mit den Händen auf; stürmt der Hund davon, kann dies schmerzhafte Verbrennungen in den Händen verursachen. Achten Sie außerdem auf den Bewuchs – die Leine sollte sich nicht in Büschen verheddern können.

Während Sie für den Welpen oder Junghund ein weiches, verstellbares Halsband und eine Leine verwenden sollten, sollte man seinen Hund ab etwa einem halben Jahr bei der Arbeit an einer sogenannten Moxon-Leine führen.

Perfekte Grundstellung bei korrekt angelegter Moxon-Leine.

Solch eine Leine – auch Retriever-Strick genannt – hat den Vorteil, dass sie aus einem Stück ist und die Halsung praktisch nur aus einer Schlinge besteht. Man kann sie dem Hund mit einer einzigen Bewegung abnehmen, und der Hund trägt im

Hier sieht man den korrekten Einsatz eines Rapidlauchners. Ganz wichtig ist der Gehörschutz.

Gelände keine Halsung, an der er sich im Gestrüpp verheddern oder gar beim Schwimmen mit den Vorderläufen hineingeraten kann. Eine Moxon-Leine muss auf alle Fälle korrekt angelegt werden. Die angelegte Schlaufe um den Hals muss beim korrekten Laufen locker durchhängen, während sie sich bei einem Leinenruck oder -zug zusammenzieht. Wenn Sie die Leine am Handgriff in die rechte Hand nehmen und Ihre Hand vor Ihren Augen ausstrecken, muss die Schlaufe, die um den Hals gelegt wird, wie eine Sechs (6) aussehen. Ist dies der Fall, können Sie die Halsschlaufe mit der linken Hand über den Kopf Ihres links neben Ihnen sitzenden Hundes locker um seinen Hals legen. Sind Sie sich noch nicht ganz sicher, probieren Sie es einmal mit einem Menschen, der links neben Ihnen steht, und leinen ihn an seiner rechten Hand an, gehen mit ihm Fuß und lassen Sie ihn hierbei ziehen. Bald wird er Ihnen verbal zu verstehen geben, wann es wehtut – nämlich wenn die Leine falsch angelegt ist! Ist die Leine falsch angelegt, zieht sich die Schlaufe durch den Metallring zu. An solch einer Leine darf ein Hund auch niemals irgendwo festgebunden werden.

Dummytasche

Eine Dummytasche ist für die Unterbringung von notwendigen Utensilien für das Training wesentlich praktischer als ein Rucksack, da sie diagonal über der Schulter an der Körperseite getragen wird und man somit die Dummys mit einer Hand leicht herausnehmen und hineinlegen kann. Ein zurückgebrachtes Apportel sollte niemals auf dem Boden liegen, da es den Hund verleiten könnte, es erneut aus eigenem Antrieb wieder aufzunehmen.

Dummylauncher oder Rapidlauncher

Ein Dummylauncher ist ein mit neun Millimeter Kaliber betriebener Bolzen und eignet sich hervorragend für die fortgeschrittene Arbeit mit einem Hund, der sich vor dem Schussgeräusch nicht erschreckt. Auf einen Launcher werden spezielle Dummys mit Schuss über eine sehr weite Entfernung geschossen. Die Anwendung eines solchen Launchers ist jedoch nicht ganz ungefährlich und erfordert fachmännische Handhabung und Erfahrung.

Der Rapidlauncher (ebenfalls neun Millimeter) ermöglicht, ein spezielles Launcherdummy mit Schuss über große Entfernungen oder Hindernisse fliegen zu lassen. Auch mit diesem Gerät können längere und anspruchsvolle Apportieraufgaben nachgestellt werden und der Hund lernt die Verknüpfung mit dem Schuss.

Für den Erwerb beider Launcher ist ein Altersnachweis erforderlich (Kopie von Personalausweis oder Reisepass). Der Besitz und das Führen sind auch ohne sogenannten „Kleinen Waffenschein" möglich.

Zweckmäßige Kleidung

Tragen Sie beim gezielten Training oder Üben grundsätzlich bequeme Kleidung, in der Sie sich wohlfühlen, sich jedem Wetter aussetzen können und in der Sie genügend Material (Dummys, Bälle, Leckerli) verstauen können. Lassen Sie sich im Fachhandel oder bei erfahrenen Hundeführern beraten. Kapuzen sind äußerst unzweckmäßig, da sie zwar vor Regen schützen, jedoch die Akustik mindern und beim Blick nach hinten die Sicht behindern. Trägt man Wachshüte oder Kappen, ist man gegen Niederschlag geschützt, nimmt dennoch akustisch seine Umgebung wahr und hat den bei der Arbeit wichtigen uneingeschränkten Sicht- und Augenkontakt zu seinem Hund. Der Hund achtet bei der Arbeit nicht nur auf unsere Körpersprache, sondern empfängt Botschaften auch durch den Blickkontakt mit uns (somit erübrigt sich das Tragen von Sonnenbrillen ebenfalls). Eine Jacke sollte über genügend Stauraum verfügen, nicht nur um Dummys mitzuführen, sondern um diese auch nach erfolgreichem Bringen durch den Hund für ihn unsichtbar verstauen zu können; ist dies nicht gegeben, nehmen Sie eine Dummytasche oder einen Rucksack mit.

Gutes Schuhwerk ist ebenso wichtig, denn bei der Dummyarbeit verbringen Sie oft viele Stunden in unterschiedlichem Gelände.

Kleidungsfarben

Die Farbe Jagdgrün tragen Jäger, damit sie für das Wild schlecht zu erkennen sind. Für den Hund bedeutet dies jedoch dasselbe – der Mensch ist in dieser Farbe für ihn ebenso schlecht zu erkennen, und er ist gezwungen, seinen Führer aufmerksamer zu beobachten, als wenn dieser zum Beispiel etwas Rotes anhätte. Umso mehr sind jagdlich geführte Hunde auf Handzeichen fixiert. Unsere hellen, sich bewegenden Handflächen sind für den Hund sehr gut sicht- und verfolgbar. Nicht selten werden aus diesem Grund auf Dummyprüfungen vom Hundeführer sogar weiße Handschuhe getragen oder kleine weiße Karten in die Handflächen genommen, um den Hund auf längere Distanzen besser einweisen zu können.

Generell sieht der Hund statische Gegenstände schlecht, Dinge in Bewegung kann er dagegen sehr gut sehen und mit den Augen verfolgen.

Aus diesem Grund sollte man bei der Ausbildung des Hundes äußerst diszipliniert auf die eigene Körpersprache achten.

Beim Apportiertraining ist es wichtig, dass man sich in seiner Kleidung gut bewegen kann, nicht friert und einiges an Material verstauen kann.

Natur

Um einen Hund zum guten Apporteur auszubilden, genügt es nicht, sich ein entsprechendes Equipment (Kleidung, Dummys, Bälle, Tasche) anzuschaffen, eine gute Bindung zum eigenen Hund herzustellen sowie ihn Grundgehorsam zu lehren und diesen zu festigen. Darüber hinaus sind einige Kenntnisse über die Natur notwendig, damit ein Training vernünftig aufgebaut und der Hund bei seiner Arbeit unterstützt werden kann.

Gelände

Es klingt banal, aber die Berücksichtigung des Hintergrundes, vor dem ein Hund arbeiten soll, ist für eine einfache Markierung für den Hund sehr wichtig. Wird ein dunkler Dummy beispielsweise vor der Kulisse eines hellen Himmels geworfen, ist er für den Hund wesentlich leichter zu sichten als einer, der vor einem dunklen Wald geworfen wird.

Bevor Sie gezielt trainieren, sollten Sie ferner ein Gelände auswählen, das Sie zuvor auf seine Beschaffenheit genau prüfen. Suchen Sie beispielsweise Hecken oder Wege als Begrenzungshilfen für das Voranschicken des Hundes, berücksichtigen Sie Gefälle, Steigungen, Schatten durch Bäume sowie Gewässer (überprüfen Sie insbesondere das Ufer auf eventuelle Scherben und den Einstieg auf möglicherweise flach unter der Wasseroberfläche befindliche gefährliche Gegenstände, wie beispielsweise im Grund steckende Äste, an denen der Hund sich aufspießen könnte). Am Wasser ist besondere Vorsicht geboten, wenn Hunde dazu neigen, todesmutig in jedes Gewässer hineinzuspringen, ohne vorher selbst die Begebenheit des Einstiegs zu erkunden. Versetzen Sie stets in die Lage Ihres Hundes, denn das, was Sie sehen, kann Ihr Hund aus seiner Perspektive durch seine Augenhöhe und eventuellen Bewuchs überhaupt nicht sehen. Durch die unterschiedlichen Sinneswahrnehmungen empfindet ein Hund Licht, Wind, Feuchtigkeit und Gerüche völlig anders als wir Menschen. Ein Hund verfügt über etwa 300 Millionen Riechzellen, wohingegen wir Menschen gerade mal über nur etwa fünf Millionen solcher Zellen verfügen. Dies erklärt, dass die Nasenarbeit des Hundes wichtiger Bestandteil bei der Jagd und auch bei der Dummyausbildung und -arbeit ist. Der Hund *liest* eine Witterung per Nase und verknüpft mit zunehmender Erfahrung (Versuch und Irrtum) die Situation. Es ist faszinierend zu beobachten, wie ein Hund sich per Nase *Wind holt*, um eine Witterung aufzunehmen. Während bei-

spielsweise Golden Retriever mit erhobener Nase in einem Suchgebiet herumlaufen, um Witterung von ausgelegten Dummys zu bekommen, hält ein Labrador Retriever seine Nase eher ganz tief am Boden und läuft (*reviert*) in einer Art Zickzackverlauf, um Witterungen aufzunehmen.

Auch das Gelände, wie niedriger Bewuchs durch Büsche, hoher Bewuchs durch Bäume, Gräben, Wälle, Hügel und Bäche, verändert die Verbreitung eines Geruchs. Als Faustregel gilt jedoch, dass morgens Gerüche durch die Erwärmung der Luftströme nach oben ziehen, während sie im Gegenzug abends durch die Abkühlung der Luft nach unten drücken.

Versetzen Sie sich auch bei der Art des Bewuchses in die Lage des Hundes. Wir Menschen denken oft, ein Gelände sei einfach, dem Hund hingegen kann es aus den verschiedensten Gründen äußerste Schwierigkeiten bei der Arbeit bereiten. Dichte kurze Kleewiesen sind für den Hund beispielsweise schwieriger zu erarbeiten als eine höhere undichtere Wiese, in der Gerüche an den lichten Halmen leicht nach oben steigen können. In einem Rübenfeld zu arbeiten erweist sich für den Hund als äußerst anstrengend, da die großen Blätter Witterungen dicht am Boden halten.

Wetter

Machen Sie sich über das Wetter Gedanken, um Ihrem Hund beim Training zu helfen. Ist es warm und der Boden kalt oder gefroren, bleibt ein Geruch am Boden; Geruch steigt auf, wenn der Boden warm und die Luft kälter ist. Auf trockenem, dürrem Boden verbreiten sich Gerüche schlechter als auf feuchtem Boden; ist der Boden hingegen klatschnass, verbreitet sich

ein Geruch wiederum ganz schlecht. Als Faustregel könnte man aufstellen, dass das Trainieren bei extremen Witterungsbedingungen (Hitze, Eiseskälte, totale Nässe) sehr schwierig für einen Hund ist, das Training bei normalen Witterungsverhältnissen dem Hund dagegen die Arbeit erleichtert. Üben Sie deshalb mit einem noch unerfahrenen Hund nicht bei extremen Wetterverhältnissen.

Wind

Da der Wind Gerüche über weite Distanzen transportiert, spielt er für den Hund eine extrem wichtige Rolle. Der Wind kann dem Hund helfen, besser Witterung zu bekommen, oder aber ihm die Arbeit

durch ungeschicktes Ansetzen erschweren. Ein Hund kann über große Distanzen den Geruch eines krank geschossenen Wildtieres von dem eines gesunden unterscheiden. Gehen Sie bei der Beurteilung der Windverhältnisse nie von Ihrer Kopfhöhe, sondern von der Arbeitshöhe des Hundes aus. Beurteilen Sie auch nicht nur die Stelle Ihres Ausgangspunktes, sondern das Gebiet, in dem der Hund arbeiten soll; achten Sie auf Baumkronen, Grashalme im Gewässer, auch auf eventuelle Wellen.

Bei der Dummyarbeit ist das Berücksichtigen der Windrichtung vor allem beim Einweisen äußerst wichtig. Da ein Hund beim Einweisen mit Rückenwind in der Regel über sein Ziel (das kann eine

Fallstelle oder ein *Blind* sein) hinausschießt, wird er zurücklaufen und sich im Zickzack wieder vorarbeiten. Bei Seitenwind wird er seitlich etwas abdriften und sich immer wieder neue Witterung holen, während er bei Gegenwind recht früh im Zickzack auf die Fallstelle oder das Blind arbeitet. Ein Hund wird sich, obwohl er sich eine Fallstelle optisch gemerkt hat (*Marking*), an der Fallstelle stets auf seine Nase verlassen. Helfen Sie ihm deshalb stets an der Stelle, wo sich der Dummy befindet (nur wenn Sie sich selbst absolut sicher sind). In der Regel ist der *Suchen*-Pfiff ein immer wiederkehrender, ganz kurzer Pfiff, bis der Hund sich am Dummy befindet. Sucht der Hund Blickkontakt, kann man ihn durch eine wellenartige Bewegung des rechten oder linken Armes auch visuell unterstützen und animieren. Der Hund wird schnell verstehen, dass sich die Zusammenarbeit mit Ihnen lohnt. Sind Sie sich hingegen selbst nicht ganz sicher, wo ein Dummy liegt, sollten Sie auf Unterstützung gänzlich verzichten und auf Ihren Hund vertrauen. Geben Sie ihm Unterstützung an einer völlig falschen Stelle, könnten Sie das so wertvoll aufgebaute Vertrauen zwischen Ihnen und Ihrem Hund gefährden.

Prüfungen erfordern besonders konzentriertes Arbeiten und viel Erfahrung.

Prüfungen

Wenn Sie so viel Spaß am Apportieren bekommen haben, dass Sie mit Ihrem Hund an Prüfungen teilnehmen oder ihn sogar jagdlich ausbilden möchten, können Sie auf die im Folgenden beschriebenen Prüfungen hinarbeiten.

Apportierprüfungen

Apportierprüfungen sind Prüfungen für die jagdliche Arbeit nach dem Schuss, bei denen der Hund geschickt wird, um Wild oder Dummys zu suchen und seinem Führer zu bringen.

Für Retriever gibt es vier verschiedene Apportierprüfungen:

Field Trial A (FTA)

Die FTA ist eine Prüfung auf frisch erlegtes warmes Wild und wird vorwiegend im Ausland durchgeführt.

Vollgebrauchsprüfung (VGP)

Diese Prüfungen unterliegen in Deutschland der Prüfungsordnung des JGHV (Jagdgebrauchshundeverband). Schwerpunkt dieser Prüfungen, auf denen deutsche Jagdhunderassen geführt werden, ist die Schweiß- und Schleppenarbeit sowie die Verlorensuche. Das Fach *Vorstehen* wurde meist durch das retrieverspezifische *Einweisen* ersetzt.

Kaltwildprüfungen (APC und APB)

Kaltwildprüfungen, auch *Cold Game Tests* genannt, sind Prüfungen mit verschiedenen jagdnahen Aufgaben mit kaltem Wild. Im Vorteil sind führige und selbstständig arbeitende Hunde.

Working-Test (WT)

WTs sind Prüfungen mit Dummys mit jagdnahen, vielseitigen Aufgaben. Auch hier sind führige Hunde im Vorteil, die selbstständiges Arbeiten beherrschen.

Dummyprüfung (DP)

Bei einer Dummyprüfung werden den Hunden jagdnahe Aufgaben gestellt, die in der Dummyprüfungsordnung (DPO) detailliert umschrieben sind. Hier sind schnelle und sehr gut führige Hunde im Vorteil. Dummyprüfungen werden in verschiedene Leistungsklassen unterteilt:
– Anfängerklasse
– Fortgeschrittenenklasse
– Siegerklasse

Prüfungen für die jagdliche Praxis

Nachfolgend sind die wichtigsten Prüfungen für die jagdliche Praxis aufgeführt. Diese werden vor allem für kontinentale Vorstehhunde, wie beispielsweise Weimaraner,

Bei Prüfungen für die jagdliche Praxis wird auch bereits erlegtes Wild apportiert.

ausgerichtet und nach den Ordnungen für Verbandszuchtprüfungen (VZPO) und Verbandsgebrauchsprüfungen (VGPO) des Jagdgebrauchshundeverbandes (JGHV) durchgeführt. Ziel dieser Prüfungen ist es, die jagdliche Eignung des Hundes festzustellen.

- Verbandsjugendprüfung (VJP)
- Herbstzuchtprüfung (HZP)
- Verbandsgebrauchsprüfung (VGP)

Auf diesen Prüfungen werden folgende Prädikate vergeben:

- Hervorragend
- Sehr gut
- Gut
- Genügend
- Mangelhaft
- Ungenügend

An dieser Stelle die Prüfungsfächer wie Wald-, Wasser- und Feldarbeit sowie Gehorsamsprüfungen exakt zu beschreiben, würde leider den Rahmen dieses Buches sprengen. Im Internet finden Sie beispielsweise über den JGHV viele Informationen.

Folgende Prüfungen werden insbesondere für Retriever angeboten:

- Retriever-Gebrauchsprüfung (RGP)
- Dr.-Heräus-Gedächtnis-Prüfung für Retriever (HP/R)
- Vereinsprüfung nach dem Schuss (PnS)

Nützliche Adressen

Verband für das Deutsche Hundewesen
Westfalendamm 174
44141 Dortmund
Tel.: 0231 565000
Fax: 0231 592440

Jagdgebrauchshundverband e. V.
Neue Siedlung 6
15938 Drahnsdorf
Tel.: 0354 53215
Fax: 0354 53262
www.jghv.de

Literatur- verzeichnis

Laser, Birgit:
Obedience für Einsteiger
Brunsbek: Cadmos Verlag, 1999

Müller, Manfred:
Die Spezialausbildung des Schutzhundes
Reutlingen: Oertel+Spörer Verlag, 1998

Ting, Beate & Gereon:
Kleine Apportierfibel
Bad Münder: Romneys Verlag, 1997

Wagner, Heike E.:
Apportieren – Freude am Bringen
Brunsbek: Cadmos Verlag, 2002

Zwolsky, Norma:
Die Kosmos-Retrieverschule
Stuttgart: Franckh-Kosmos Verlag, 2002

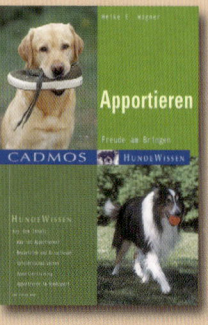

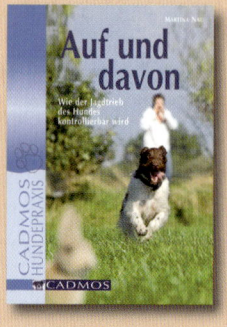
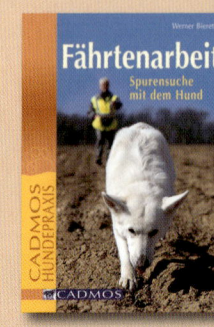